CONTENTS

Part 2 企業文化的巨大影響力

Part 3 產業現今與未來的洞察力

CONTENTS

推薦序

學習國際級的管理智慧

何飛鵬／城邦媒體集團首席執行長

繼《創客創業導師程天縱的經營學》之後，這是程天縱先生的第二本著作，除了分享他對企業經營管理各個面向的經驗與看法，更在第二部暢談企業的價值觀和文化，是本書的一大特色。

書中的案例都是他第一手的工作經驗，透過他的精闢分析，讀者們可以看到他如何思考問題、從哪個角度下手解決，這是難能可貴的學習機會，我也從中獲益良多。

專業經理人的天職就是完成組織交付的任務，企業在經營過程中，會因為外在環境與顧客需求不斷變動、內部人員的決策與行為，而遭遇各種問題。一個好的專業經理人，就是要能解決問題，扭轉局勢，就如天縱兄在書中所說的「下殘局」，而且每一盤都要下到贏。這是每一個專業經理人都要面對的挑戰，也是彰顯其價值之處。

為了要能有效解決問題，必須要因事、因人而靈活運用不同的方法和工具。在書中，他提到在跨國企業裡使用記功、記過的獎懲方式，並不是像在學校和軍隊中，在事發後才根據影響的嚴重性來決定功過的大小，而是改良規則後，形成更主動積極的獎懲制度。他也在談「創二代」接班的文章中提到，一般創業或企業經營中，鴻海的十二字箴言「訂策略、建組織、布人力、置系統」是有順序的，但是大組織要改造的時候，卻必須反過來做，「修系統、布人力、改組織、調策略」，是「逆向工程」。這都是從他實務經驗中，活用理論和方法的最佳展示。

除了豐富的經驗，天縱兄更有紮實的理論知識，充分展現在他思考問題的系統觀。比如新手主管要改正員工的過失，他建議採用《了凡四訓》的方法，從「恥心」、「畏心」著手，最後讓員工發「勇心」，就能順利導正行為。又如談到企業文化時，更提出了「洋蔥圈模型」，以洋蔥由裡到外的四個層次，來說明企業文化的核心本質和外顯部分。

程先生令我尊敬之處，不僅因為他是兼具理論與實務的企業良師，看完後記，我更發現他在年輕時的想法和作為，就已經不只侷限在個人成功的境界，而是著眼於台灣產業的貢獻者。

他淬鍊了四十年的職場歷練，對東、西方文化信手拈來的涵養，跨國企業高階經理人的高度與廣度，不管讀者是哪個層級的主管，還是基層員工，都能在他的思路裡，找到可資借鑑的知識和經驗，值得每個人參考效法。

自序　「企業以人為本」的真正意義

企業就像人一樣，也有生老病死的生命週期，但是所有的企業，不論大小，都希望能基業長青、永續經營。即使創業者遲早必須面臨退場的命運，他們依然希望接班人和企業員工們能繼續好好經營下去，進而發展壯大。

從我過去四十年的職業生涯來觀察，企業要想基業長青、永續經營，必須同時做好三件事，那就是：

- 策略；
- 管理；
- 價值觀和文化。

但是，這三者在生命週期中的出場序和重要性，是略有不同的。

策略：在創業初期，市場、產品、技術等策略首先出場，這些決策與新創企業是否能賺到第一桶金而生存下來，有著非常密切的關係。創業階段的小團隊，應該不需要管理，更不用考慮到價值觀和文化的問題；然而，當企業進入了高速成長期，組織快速發展壯大，管理就變成非常重要了。

管理：如果發展非常快速，導致創業團隊的腳步和能力跟不上管理需求，就免不了需要有經驗的專業經理人加入，來協助提升管理能力，並加強組織的執行力。否則，即使有再好的策略，如果執行面不理想，一切都是枉然。

價值觀與文化：接下來，如果有幸繼續發展成了中大型甚至跨國規模的企業，此時光靠策略和管理可能尚不足以應付龐大的組織規模。這時候就要靠共同的核心價值觀（Core Values）和良好的企業文化來補足策略和管理的缺口，進一步凝聚共識，激發員工的積極性，共同創造美好的願景。

我在第一本書《創客創業導師程天縱的經營學》裡，從專業經理人的實務經驗和大歷史觀的角度，來探討「企業經營」、「經理人領導」、「產業趨勢變動」三個面向的再思考，以鮮明生動的實際案例來印證經營管理理論，讓讀者們能以更清晰的了解和更強大的信心，應用在職場工作上。

從「再思考」到「管理力」

第一本書之所以強調「再思考」，著重在有別於一般ＭＢＡ課程中所學、比較專注於單一主題和時間點的理論與方法，改以輔導創業團隊和跨國企業專業經理人的高度和深度，再加上四十年職涯經驗的跨度和廣度，帶領讀者們「再思考」企業的經營管理，以及產業的興衰更替。

在新的《創客創業導師程天縱的管理力》一書中，我帶領讀者深入企業管理的領域裡，探討企業裡普遍發生而又經常會被忽視的各種問題和改善方法。新書不同於前一本強調「再思考」的面向，轉而著重在「管理力」上，**管理力的優劣，將決定企業的執行力與競爭力**。

企業中最珍貴的資源

企業之間的競爭，就是資源的競爭。任何企業的資源都是有限的，而企業中最寶貴的資源之一，就是**執行長（CEO）的能力和時間**。

CEO必須具備有看穿水晶球的能力，他必須能夠看到產業、市場以及企業的未來，因此他的時間應該要花在「制訂策略」和「監督執行」上面。一旦策略制訂出來之後，就必須靠整個組織的執行力來實踐，而組織的執行力得以貫徹的關鍵，就是管理力。

企業第二個最寶貴的資源，則是**專業經理人**。

當企業發展到數百人接近千人的時候，就應該慎重考慮引進專業經理人。專業經理人有兩個來源：一個是內部培訓而來，第二個則是由外部引進。專業經理人的專業，自然就是「管理」。在各種管理工作當中，最重要的就是人的管理、部門的管理，以及組織的管理。

「人」是企業各種資產當中最重要的一項。

專業經理人是解決企業問題的良方

本書第一篇的重點，就在談企業成長過程中可能產生的各種問題，這些問題是跨產業、跨地域、跨時間的，而且無論在產官學研組織中都會發生，需要有經驗的專業經理人來克服和解決。

一九九二年，美國管理協會（American Management Association, AMA）做了一個調查報告，以問卷調查形式訪問了八百三十六家公司，希望透過這次調查能了解這些公司在當年的裁員當中，中階經理人占了多少百分比。

報告發現，在所有的會員公司裡，中階經理人只占了員工總數的五%；但卻占了一九九二當年被裁員人數中的二二%。

早在二十五年前，美國管理協會就提出了這兩問題：

一、專業經理人真的那麼專業嗎？

二、專業經理人為企業創造了價值嗎？

在這篇報告裡，協會分析了中階經理人的工作，主要分成兩部分：第一部分是管人，第二部分是蒐集、處理、傳遞訊息。

在今天的網路時代，電腦計算處理和網路連結傳遞訊息的能力，遠比二十五年前要強上許多，因此有許多網路公司聲稱，在網路架構下可以「去中心化」，不必採用傳統的組織和管理方式。

他們表示，人們在網路上都可以實現自我管理。網路時代的企業也可以靠著強大的電腦、無所不在的網路、人工智慧、機器人等高科技產品，來取代專業經理人的功能。

這番話聽起來，似乎像是專業經理人的末日已經來臨了。

▼網路時代的專業經理人

對於這一點，我有不同的看法。

不管科技如何進步，人性是不會改變的。懂得運用人性「善」的部分，可以激勵員工做出最大的貢獻；人性也有「惡」的部分，這也是與生俱來的，我們必須懂得如何約束惡的部分，不要讓它侵入企業，甚至形成負面文化。

在科技進步到網路當道的時代，連政府都喊出「互聯網+」的口號，造就出一批雖然獲利不怎麼樣，但市值卻驚人的網路企業。巨大市值背後代表的就是充沛的資源，但當資源過多的時候，就會被浪費、被濫用。一旦浪潮過去之後，競爭加劇，這些都會是造成互聯網企業加速衰敗滅亡的主要原因。

但是我也不否認，今天台灣的專業經理人還是有這些問題：是否還是那麼專業？是否與時俱進？是否了解專業經理人最大的挑戰就是「下殘局」？**要下好殘局，首先要看得懂局譜，要能發現組織中的種種問題**。大部分的問題都是由歷史的包袱、過多的資源浪費、人的惰性、現有組織的抗拒、既得利益者的保護等所造成的，而本書的第一篇，就是直指這些殘局問題的所在。我相信，這些問題不是這些高科技、新科技能夠解決的，最終還是要靠專業經理人。

基層員工的八〇／二〇

企業第三個最寶貴的資源就是**基層員工**。

在企業裡，每個職位都應該有職位說明書（Job Description），讓擔任這個職務的員工很清楚地知道工作內容和期待的績效。

隨著科技的進步、環境的變遷，產業競爭加劇、企業分工趨細、訊息量巨增、跨領域合作越來越多，使得每個職務的工作內容越來越複雜，需要員工自行判斷處理的機會也越來越多。

傳統的職位說明書只能符合八〇／二〇定律，也就是在簡單的兩、三頁紙上，將「產生八〇％績效的二〇％重要工作」羅列在內，即使加上一些工作相關的培訓，仍然不足以提供一個完美無缺的工作準則。

俗語說：「成事不足，敗事有餘」，傳統的職位說明書是一個「成事」的指導原則，但是只包含了二〇%的主要工作內容。或許員工做好了這二〇%的主要工作，就能夠達到八〇分的績效，但是不要輕忽了員工每天每月所需要做的其他八〇%工作。

如果員工沒有做好職位說明書上沒有陳述的這八〇%工作內容，往往就變成了「敗事有餘」的主要原因，原來得到的八〇分也會被扣分，導致績效低落、工作表現不佳。

部門主管的及時輔導或許可以提供一些幫助，但大部分時間員工仍須自行判斷，而判斷的依據就是自己心中的一把尺，也就是所謂的「個人價值觀」。

依企業的價值觀校準員工心中的尺

在一個擁有成千上萬員工的企業裡，每個人心中的一把尺都不太一樣，而如何讓成千上萬把尺有一些共同的標準，就成了企業經營者最大的挑戰。

現代企業大部分都會提倡企業的**核心價值觀**，目的就是要校準成千上萬把尺，提供一個共同的標準，並且成為每個人在工作領域中判斷行事的準則。

一九九〇年代，我在北京擔任中國惠普（China Hewlett-Packard）總裁的時候，有句形容在北京開車的順口溜：「綠牌軟，黑牌硬，白牌開了不要命」。當時一般老百姓的車子，車牌都是綠色的，統稱綠牌車（現在已經改為藍色車牌）。在外資企業或中外合資企業服務的外國人，車牌都是黑色的。至於白色車牌的，就是公安、武警或是軍車了。

雖說比起黑牌和白牌，綠牌是最軟的，但是在當時的北京，綠牌車開起來也足以令人驚心動魄。當時有一位負責業務的經理，經常載著我去拜訪客戶，每次總是讓我沿路冒冷汗。我要他開慢點、遵守一下交通規則，他回答說，要是照我講的做，赴北京的客戶約會永遠是遲到的。有了這個理由，就使得我無話可說了。

後來這位業務經理離開中國惠普，到美國去念書，畢業以後在美國找到工作，定居在北加州的矽谷，而我也離開了惠普，加入德州儀器（Texas Instruments, TI）。但這麼多年，我們始終保持著聯繫。

有一次他聽到我要出差到舊金山，就主動到機場接我，然後一起吃個飯敘敘舊。我搭上他的車以後，發覺他開車的方式跟在北京時不一樣了。碰到沒有紅綠燈號誌、只有

「停」字路標的路口，他規規矩矩地完全停止，禮讓先到的車子。

我不禁好奇地問：「你開車怎麼那麼守規矩了？」他回答：「這邊所有的車子都是這樣守規矩的。」

這就是**核心價值觀**的力量。當每個駕駛人心中的一把尺，都遵循了同一個標準時，就形成了一種**文化**。這種強大的文化力量，可以在不知不覺中改變一個人的行為、習慣，甚至個人的價值觀。

判斷一個**企業文化**的強度，就看有多少把尺會遵循同一個標準，或是每把尺相對於這個標準的誤差有多大。本書第二篇的重點就是企業的價值觀與文化，以我過去四十年在跨國企業擔任專業經理人的經歷，來印證企業價值觀和文化的重要性。

價值觀與文化是具體的

價值觀和文化絕對不是虛無縹緲的東西，也絕對不是口號。我提供了具體的模型和理論基礎，輔以實際的例子，陳述價值觀和文化對企業的影響，並提供具體的步驟和做法，以引導企業建立自己的價值觀與文化。

最後再回到序言開頭所說的：企業要想基業長青、永續經營，必須同時做好三件事，那就是：策略、管理、價值觀和企業文化。策略掌握在CEO手裡，管理要靠專業經理人，而價值觀和文化則是所有員工的責任。

企業隨著生命週期的發展、人數的增加，策略、管理、價值觀與文化，三者陸續出場，進入經營層的視野，形成企業的DNA，任何一個出問題都會導致企業進入衰退，甚至滅亡。

而這三者都掌握在「人」的手裡，企業經營能夠不「以人為本」嗎？

Part 1
企業經營的管理力

1 獎懲與績效
——新手企業主管不可或缺的觀念與工具

對於新晉升的主管來說，最大的挑戰就是如何轉變角色：從一個「個人貢獻者」，轉變成為「帶人的管理者」。第二個挑戰，則是過去「被考核工作績效」的自己，如今需要開始考核部門屬下的工作績效。如何考核？又如何藉由考核，改善員工的工作態度和工作方法，提升員工的工作績效？

華麗轉身為管理者（之後）

首先談談，如何幫助一個新晉升的主管，轉變角色成為一個管理者。

人性本是如此，喜歡做「能讓自己更加成功」的事情。在職場上，成功的定義當然就是受到組織的獎勵，因此獎勵可以激勵員工，使之朝向更高的工作績效目標前進。

另外一個普遍的現象是，組織在晉升一個員工成為主管的時候，往往偏重在員工過去工作績效和表現，因此，員工當然會把過去作為「個人貢獻者」時的表現視為組織晉升他成為主管的主要原因之一。

晉升成為部門主管就是一個最大的獎勵，因此新的主管當然會繼續、重複做他過去受到獎勵的行為，更加努力成為一個優秀的個人貢獻者，而忘了他已經擔任了新的職務，必須扮演新的角色。

管理者與被管理者的差異

管理者和員工最大的不同，在於管理者需要透過員工來完成任務，而不是自己單獨完成任務。所以，如何讓新晉升的主管了解自己的角色轉換，從而了解每個屬下的能力，做最合適的工作分配，是每個企業在實務上都會碰到的頭痛問題。

當事情牽涉到人性或是人的習性時，就需要借助外力來強制改變。我曾經用過的一個方法，就是強迫主管對他的屬下記功和記過。

記功、記過是只有在學校或當兵的時候，才會使用的獎懲方法。很多人聽到我在跨國企業裡實施這種方法的時候，都有啼笑皆非的感覺，認為我一定是在開玩笑。都已經這麼大的人了，進入企業工作，怎麼還用這種幼稚的方法來管理員工？

我先解釋一下，我在企業管理所用的獎懲制度和在學校或軍中所使用的制度的差異在哪裡。

記功與記過

學校和軍隊所使用的記功記過，都是在事件發生以後，才根據事件的影響大小給予適當的獎勵和懲罰，這是一種比較被動的獎懲方法。

我所使用的獎懲制度比較主動：我根據每個部門的大小、人數多寡，給予對應的獎勵積分和懲罰積分。例如，一個嘉獎是正一分，一個小功是正三分，一個大功是正九分，一個警告是負一分，一個小過是負三分，一個大過是負九分。

我要求主管在每個季度和每個年度之內要把積分用完。獎勵的積分是正的，懲罰的積分是負的，在年度截止的時候，獎懲積分相加必須歸零。

我對於管理者（Manager）的定義，是「透過別人把事情做成的人」（Get things done through people），所以管理工作的第一步，就是了解你的屬下。主管必須知道屬下的長處和短處，才能賦予他們適當的任務和目標，充分發揮他們的長處，避免他們的短處影響工作成果。

第二步，就是提供他們足夠的資源和支持，放手讓他們去做，但是在過程中必須要了解他們工作的態度、方法、進展和成果，適時提供指導和協助。

大部分的主管，尤其是新手主管，這兩個步驟都做不好，所以我這個獎懲制度的設計，是強迫主管們必須要走出辦公室，到現場去了解。因為我給他們的獎懲積分，他們必須在時限內用完。

獎勵比較容易做，但如果獎勵的原因說得不清楚或是讓人不服氣，也可能會引起屬下的抗議和反彈。

懲處是大部分主管都不願意做的事，大家都想當好人，不願意當壞人。但這個制度逼得主管必須找出屬下做不好或有弊病的地方，所謂**魔鬼藏在細節裡，如果不到細節裡，是找不到魔鬼的**。但同樣地，如果懲處的理由不能夠令人服氣的話，也會引起屬下的反彈。

獎懲積分相加必須歸零，主要的原因就是要主管能夠做到獎懲平衡。對於優秀的表現給予獎勵，就會建立起模範，在組織內產生一種「拉」的力量，帶動整個組織人員的績效往好的方向走。

對於錯誤或不好的表現施以懲處，也會建立起警惕的模式，在組織內產生一種「推」的力量，推動組織人員績效往正確的方向走。

雖然在大企業裡面推動獎懲制度聽起來很可笑，但是使用得當的話，對於組織、人員績效的改善，可以帶來很大的正面作用。

如何考核員工績效？

新晉升主管面臨的第二個挑戰，就是如何做員工的績效考核。好的績效考核和溝通，不但可以讓屬下心服口服，而且可以讓屬下在未來工作中加強「客戶意識」和「創新研發」。所以，接下來我跟各位分享一些非常實用的績效考核方法。

上班族經常會糾結在自己的職務和職稱上，因而畫地自限。最常碰到的就是「雞生蛋、蛋生雞」的問題。員工常常會說：「公司沒有給我那麼多的薪資，為什麼我要多做這麼多事？」

很多人不了解，**積極主動、勇於任事，受惠最大的其實是自己**，只不過因為你的工作績效好，公司跟著受惠。作為一個主管，要能夠激勵員工，讓員工不斷地增加自我的價值，然後部門和公司跟著成長。反之，如果員工不作為，受害最大的還是企業和主管自己。

早年我在台灣惠普工作的時候，惠普在績效考核上將員工的績效分成五等：

一、不及格（Unacceptable）；

二、好（Good）；

三、很好（Very Good）；

四、優秀（Excellent）；

五、卓越（Exceptional）。

我從這五等績效考核得到了兩個啟發：

第一，不及格就是不及格，不必再分幾等來告訴員工有多麼差；及格的績效區分為四等，來激勵員工不斷地進步，好還要更好。其實對於公司來講，員工好的績效是沒有上限的。

第二，這樣的工作績效考核方法，非常主觀，沒有辦法量化，也無法很清楚地告訴和引導員工如何更上一層樓。我自己總結，不論任何職務，都有製造、行銷、研發三個維度。

如果只是聽令行事，就像製造部門接到工單才生產，那麼不管做得多好，也只是一個製造導向的員工。我們需要的理想的員工，是除了能夠「生產製造」以外，還要有「客戶意識」和「創新研發的精神」的人。

所以，我設計出這種績效考核的方法，讓員工寫出自己過去一年在工作上的成就，然後我跟員工坐下來一條一條地討論。這時候就可以非常清楚地分辨出每一條成就是屬於製造、行銷或是研發的類別。有趣的是，我和員工之間對於每一條工作成就的歸屬分類，很容易達成共識，鮮有異議。

從「製造導向」到「創新導向」

剛開始的時候，大部分員工列出來的工作成就幾乎都是製造導向，少許的行銷，幾乎沒有研發。但在績效考核面談結束以後，員工都很清楚地知道，他們應該多做一些什麼，才能夠爭取更佳的績效考核。

製造導向的員工，就類似接單生產的製造部門，無論做得多好，他只能達到「及格」的績效考核。如果能夠進一步主動了解客戶（包括外部和內部客戶）的需求、教育客戶、宣傳推廣自己的服務，並且滿足客戶的需求，那麼這位員工的績效就可以到達「非常好」的地步。

如果員工在每年的工作成就中，能夠列出一些自己創新、創造的工作方法和服務，以滿足客戶現在的需求和可能的未來期望，那麼這位員工已經進化到「創新研發型」了，他的工作表現當然可以達到「優秀」或「卓越」的地步。

透過這種績效考核的方法，我大部分的屬下都能夠再加「客戶導向」，更加重視「研發創新」，專業經理人不妨試試。

結語

對於有志於創業的朋友們，我建議要先在大企業裡面工作學習幾年，讓自己具備經營管理的能力，才考慮投入創業的大潮中。在企業工作時，更要檢驗自己是否能夠主動積極達到「製造」、「行銷」、「研發」三個面向？如果達到的話，恭喜你，不管是創業或就業，你都會成功的。

2 用「心」鼓勵員工改過、解決管理問題

二〇〇二年初，我為鴻海董事長郭台銘的《三千億傳奇——郭台銘的鴻海帝國》一書寫序，在這篇序言裡，引用了我和郭台銘在一九八五年的對話，以對照創業家和專業經理人的不同。

我發現，成功的創業家通常都擁有很強的領袖魅力，對於公眾演講非常在行，但是在對下屬一對一的培育和輔導方面，能力就非常弱。鴻海郭董帶領千軍萬馬，經常在內部或外部的會議演講中表現出領導魅力，說話也極具煽動性，經常能激動人心，但卻鮮少有一對一的面談。

專業經理人和創業家不同。在企圖心和領導魅力方面，專業經理人沒有創業家那麼強烈。但在專業管理方面的嚴格訓練之下，必須著力在人才的選、育、用、留，因此有

非常多一對一面談、培育、輔導的機會。

在管理學院和企業培訓的諸多課程裡，雖然也教授了很多專業經理人所需的績效考核和教育輔導理論，但很少有實際的案例可供實務應用參考。大部分MBA課程裡面所使用的案例，都是關於企業的策略方面，一對一輔導的案例非常少。或許學界和學者們認為這些是微不足道的小事，因而甚少著墨。

我對管理者的定義，就是「透過其他人完成公司的任務」，因此**專業經理人的工作，有一半以上的時間必須用於處理人的問題**，尤其是屬下的教導和輔導。

《了凡四訓》的改過之法

在我專業經理人的職涯初期，我發現《了凡四訓》的第二篇〈改過之法〉對於教導輔導下屬非常有用。《了凡四訓》這本書，是中國明朝袁了凡先生所作的家訓，教戒他的兒子袁天啟認識命運的真相、明辨善惡的標準、改過遷善的方法，以及行善積德的福報。

人既然並非一出生就是聖人，哪能沒有過失呢？孔子說：「過則勿憚改」，如果有了過失，就不要害怕改過。所以袁了凡先生在第一篇〈立命之學〉講過改造命運的道理與方法後，接著就在第二篇把改過的方法詳細地說明，來教訓他的兒子。

在企業裡擔任主管的職務，就必須要擔負起對屬下教導和輔導的責任。當屬下犯了錯、有了過失之後，主管也必須要教導輔導屬下改過。比起ＭＢＡ或企業培訓課程裡面所講的理論，《了凡四訓》中的「改過之法」更容易了解和實行，因此特地拿來跟讀者們分享。

▼恥心

袁了凡認為，要改過者，第一必須發「恥心」。原文是這麼說的：

> 但改過者，第一、要發恥心。思古之聖賢，與我同為丈夫，彼何以百世可師？我何以一身瓦裂？

在管理實務上，我認為有兩層意義：

首先，任何人心目中都應該有個典範，如果心目中的典範是一百分的話，自己目前只達到多少分？這中間的差距有多大？如何可以縮短這個差距？

其次，當主管在教導員工的時候，員工必須承認自己的行為是錯的，否則不管主管用什麼樣的方法，員工都永遠不會改。也就是說，不認錯的員工永遠不會改過。

身為主管，在與員工一對一教導或輔導的時候，必須針對非常清楚的錯誤行為來教導。必須注意，一次只糾正一個行為，不要一次糾正太多的錯誤行為，否則員工會失去焦點，或是覺得自己在主管心目中一無是處，乾脆放棄算了。

因此，教導的第一步，一定要員工承認自己的行為是錯誤的，而且要知道正確的行為或典範是什麼。這個就是啟發員工的「恥心」。

▼畏心

袁了凡說：

第二、要發畏心。天地在上，鬼神難欺，吾雖過在隱微，而天地鬼神，實鑒臨之。重則降之百殃，輕則損其現福；吾何可以不懼？

古時候的教育不普及，民智未開，因此要借助宗教的力量讓民眾畏懼行惡的後果。因此佛教有十八層地獄，基督教也有魔鬼控制的九層地獄，這就是用畏懼的力量來教化人民不要行惡。

在今天的學校和企業，有各種行為規範和準則，也有相應的獎勵和懲處的辦法，之所以要有懲處的辦法，就是讓學生和員工有戒慎恐懼之心。

教導員工的第二步是，要讓員工清楚知道錯誤行為持續下去的後果，而且要讓員工知道這個後果是不可承受的、是可怕的，因而產生畏懼。因為，天不怕地不怕的人是不會改過的。

▼勇心

原文這麼說：

第三、須發勇心，人不改過，多是因循退縮；吾須奮然振作，不用遲疑，不煩等待。小者如芒刺在肉，速與抉剔；大者如毒蛇嚙指，速與斬除，無絲毫凝滯，此風雷之所以為益也。

原文的意思是說，如果真心要改過的話，必須意志堅定，不找理由，而且立刻行動去改正自己的過失，這就是所謂的「勇心」。

但是，今天的員工不似從前，大部分都受過良好的教育，對於是非也有一定的判斷，對於自己的過失行為所產生的後果通常也了然於胸。因此，即使主管成功地做到了教導員工的第一步和第二步，員工也未必就會改過。

因為人都有惰性和僥倖的心理，如果主管認為員工會自發性地產生「勇心」而改過，那麼一切功夫可能都白費了。所以這裡要講一點方法和技巧。

促使員工改過的管理技巧

要改過，一定要有所改變，但是切忌由主管告訴員工怎麼去做，因為員工會認為這是主管的命令，上有政策、下有對策，員工未必真的會去遵循。

主管必須鼓勵員工，自己想出方法來改過，並且避免再犯。這時主管最好能夠準備一張白紙，把員工自己想出來的方法記錄下來，並且不要便宜行事，不要在員工講出第一個方法就同意了，要繼續鼓勵員工想出其他更好的方法，最好能提出三、五種。

然後主管要跟員工討論，從這三、五個方法裡面，挑出幾個最可行、最有效的方法來執行。接著，主管要白紙黑字將雙方討論同意的執行方案記錄下來，定下量化目標和達成的時間表。

在執行的這一段時間裡，主管千萬不可放鬆，一定要不定期地去檢查。當員工做得好的時候立刻表揚，做得不夠實在的時候立刻糾正，直到目標達成為止。

改過的程度

袁了凡又說：

具是三心，則有過斯改，如春冰遇日，何患不消乎？然人之過，有從事上改者，有從理上改者，有從心上改者；工夫不同，效驗亦異。

所謂「從事上改」，就是用強制的方法糾正錯誤的行為，例如吸毒者，必須強制矯正，以戒毒癮。這個就是「從事上改」，但是再犯的可能性還是很高。「從理上改」就是用教育、教化的手段來讓員工理解為什麼要改過和如何改過，但風險在於員工可能因為與主管之間的地位不平等而口服心不服。「從心上改」效果最大，但是難度也最高，這就要看主管的領導能力是否能夠使員工心服口服，打從心裡真正接受主管的教導，誠心改過。

模擬案例

場景：公司規定上班時間是早上八點三十分，但是有某一員工經常性遲到一小時以上，因此主管接到了其他員工和客戶的投訴，說早上繁忙的時候經常找不到這位員工。於是主管約談這位員工，進行一對一的教導。

主管：「我最近接到幾個員工和客戶的反映，雖然公司規定上班的時間是八點三十分，可是你經常要九點三十分到十點之間才到公司。我在上星期二和星期五九點鐘左右到你的辦公位置，發現你確實還沒上班。」（主管提供了明確的錯誤行為，也提到了親自得到的證實。）

員工：「老闆，你只知道我早上有時來得比較晚，你可知道我往往前一天晚上加班到八、九點？我在加班的時候你就看不到？我加班這麼晚時，肯定第二天會起得比較晚，你應當體諒我。」（員工不認為自己遲到的行為是錯誤的。）

主管：「我理解公司的業務繁忙，有時候必須加班完成。但我不希望你經常性加班，影響到你的家庭生活和正常的睡眠。但是反過來說，你的加班都有報，公司也都付了加班費，偶爾為之我可以理解，但是經常性地每週有個兩、三天遲到，這個就違反了公司的規定。」（主管繼續努力，要員工承認錯誤的行為。）

員工：「我偶爾遲到就被你看到了，但是也沒有造成什麼不好的影響，為什麼一定要挑三揀四，雞蛋裡挑骨頭呢？我們公司不是強調以人為本嗎？為什麼不能讓我有點彈性上下班時間的自由呢？」（員工還是不承認有錯。）

主管：「你也知道，我們公司在早上剛上班的一段時間，是業務最繁忙的時候。當你遲到了，我們準時上班的同事就必須為你接電話，應付許多你的客戶的緊急事項，難道這個對其他的員工就公平嗎？」（主管繼續努力，一定要員工承認遲到是錯誤的行為。）

員工：「好吧，既然老闆這麼說了，我就去跟幾個經常為我接電話的同事道個歉吧。」（員工承認遲到是錯誤的行為了，但是聽起來像口服心不服。）

主管：「很好，那麼你能夠保證以後就不遲到了嗎？」

員工：「老闆，你這個就強人所難了。我還是經常性地需要加班，我怎能保證我每天都不遲到呢？」（看來「恥心」是無效的，那麼就要使出殺手鐧，讓他產生「畏心」。）

主管：「那麼你可知道持續遲到會導致什麼後果嗎？你的年終考績可能會列為劣等。」

員工：「那我有什麼辦法呢？我的辛苦工作你也不體諒，那麼考績劣等就劣等吧。」（天不怕地不怕的人是不會改過的。）

主管：「考績排名在末位，依照公司的人資辦法規定，就是零加薪、零年終獎金、零升等。這個你知道嗎？」

員工：「老闆，你話都說到這個份上了，那我也沒話說。」（員工的情緒上來了，還是什麼都不怕。）

主管：「上個月的尾牙，你太太也參加了，而且私下跟我聊說，你兒子馬上要上大學，私立學校學費比較貴，加上房貸、車貸，經濟壓力不小。你也知道，公司的人資部門正在研擬末位淘汰制，如果通過了，你可能會面臨被辭退的風險。現在台灣的經濟不景氣，四十多歲的人找工作也不容易呀。你平常的業務績效都不錯，難道準時上班就這麼難？為了遲到付出這麼大的代價，值得嗎？」

員工：「老闆，事情不會這麼嚴重吧？好吧，那你說我該怎麼辦？」（員工發「畏心」了。）

主管：「那麼讓我來幫助你，務必想出辦法來保證以後不遲到。你自己最清楚為什麼遲到，有什麼辦法可以有效地防止遲到？你說說看吧。」（主管不要告訴員工怎麼做，要逼員工自己說。）

員工：「其實我老婆也上班，但是她比我早出門，所以我就常常會睡過頭了。這樣吧，我在手機裡設定鬧鐘，跟我老婆同時間起床。」（第一個辦法。）

主管：「那你再想想看，除了設定鬧鐘以外，還有沒有更好的辦法？」（鼓勵員工再想其他辦法。）

員工：「那麼我叫老婆聽到我的手機鬧鐘，一定要叫我起床。」（第二個辦法。）

主管隨手就在紙上，記下了「一、設定鬧鐘，二、老婆叫醒」。

主管：「這些都是很簡單的辦法，難道你以前沒有試過？或許還可以想想其他的辦法，更有效的辦法？」（再次鼓勵員工想出更有效的辦法。）

「你再想想，我們以一個月為目標，在這一個月之內你一天都不可以遲到。所以一定要有一個保險的辦法。我相信你一定辦得到的。」(定下量化的目標。)

員工:「我有一個好朋友住在我家附近,他們公司就在我們隔壁棟樓,他每天開車上班。這樣吧,就以一個月為期,請他每天早上七點三十分來接我,讓我搭他的便車上班。」(員工發「勇心」了。)

主管:「非常好,那麼我希望你能夠依照你自己說的三個辦法,設定鬧鐘,請老婆叫醒,然後搭你朋友的車到公司上班。我們就實行一個月,在這個月當中,我不定時地會在早上八點三十分到你的辦公桌,跟你打個招呼。我們一起努力吧。」

主管將寫好了三個辦法的這張白紙,加上實行的開始日期和結束日期,自己在上面簽名,再交給員工簽字。然後握手,結束這一次成功的一對一教導。員工也順利地改掉了遲到的習慣。

3 偷雞也要蝕把米

業務單位要拿到訂單之前，要先做好客戶關係，贏得客戶的信任，甚至尊敬，爭取業務才能夠無往不利。要建立良好的客戶關係，不外乎是「花錢」或「花時間」兩種方式。

正規的做法應該是「花時間」，以建立良好的客戶關係。但有些業務人員比較急功近利，沒有耐心或能力建立良好的客戶關係，往往喜歡選擇「花錢」的方式。當然，如果花的是公司的錢，不是掏自己的荷包，花了不會心疼。

花錢的方式

「花錢」又有兩種方式：一種是不合法的方式，就是私下給客戶回扣；另外一種合法的方式，就是降價。

在大部分的企業裡，業務單位都是「費用中心」。意思就是說，業務單位的預算來自毛利，由產品線的利潤中心根據業務目標給予一定的費用，以支付業務組織和業務推廣的成本。

業務單位最主要的任務就是達成或超越年度業務目標，至於公司是否賺錢，不關他們的事。因此，業務單位不可以同時掌握產品的定價權，否則價格當然越低越好賣，往往會造成企業的虧損。

當業務單位要求以降價手段拿到訂單的時候，作為企業經營層的主管該怎麼回答呢？

毛利爭奪戰

在我的職業生涯裡，我也多次碰到過業務單位來報告：「這個客戶非常重要，我們必須要拿下這個訂單，只要能夠降價達到客戶的預算目標，訂單就是我們的了。」然後擺出一副「我的責任已經盡到，剩下來就是你們這些握有定價權的公司高層的問題了」的態度。

這種業務人員當然是不可取的，不應該犧牲公司的利潤來達成他的業務目標，可是如果這時候再來教導正確的業務態度，已經緩不濟急了。

面對這種超低毛利甚至於負毛利的價格要求，負責產品線盈虧的主管就必須在短時間之內做出艱難的決定：這個訂單、這個客戶，到底是要還不要？

這個時候，我會告訴我的業務單位：「我了解這個客戶和這個訂單的重要性，但俗話說：『偷雞也要蝕把米』，在價格上讓步我可以理解。但是你要回答我三個問題：

一、『雞』在哪裡？我要很詳細地知道後續的『機會』在哪裡？後續的『機會』有多大（量化）？

二、雞要怎麼『偷』？我要詳細的『偷雞』步驟和行動方案。

三、除了這次的降價之外，我們究竟還要『蝕』多少米？我要知道在後續『偷雞』行動過程中，還有多少米要『蝕』下去（投資多少金額）？」

於是這個燙手山芋又回到了業務單位的手裡。

提供選擇，而不是一味退讓

透過要求他們準備這三個問題的答案，我也在教導他們：從客戶經營的觀點上來看，應該怎麼看長遠？從利潤中心的觀點來看，應該怎麼做投資決定？

經過幾次磨合以後，就很少有業務單位來找我要求大幅的降價了。即使真的再來找我，他們的功課也都做完了。他們只有在準備好三個問題的答案之後，才會來找我問能不能降價。

4

從「不拉馬的兵」談企業中的無用習性

最近在臉書（Facebook）上看到幾篇談時間管理的文章，這些文章多半是用「加法」思考，讓每個人有更多的時間可使用，例如使用碎片時間，像是上下班開車或坐車的時間，回到家看電視、發呆或做無聊事的時間，都可以有效利用來學習或工作。

基本上，我不喜歡用「加法」來提高學習或工作的效率。畢竟人生是要平衡的，不能把所有的時間都用來拚搏，不為無益之事，何以遣有涯之生？工作與生活必須平衡，有時候無聊事也是有益身心的。

不拉馬的兵

在時間管理上，我反而比較喜歡用「減法」。在分享如何用「減法」來提高工作效率之前，我先說個「不拉馬的兵」的故事。

話說在英國某鄉下地方，有個野戰砲兵團駐紮在當地。為了敦親睦鄰，基地指揮官每年都會舉辦部隊操演，邀請附近的居民們來參觀。重頭戲當然是砲兵排的實彈射擊操演，只見砲兵們各司其職，裝填砲彈的、測距離的、調高低的、發號施令的、發射砲彈的，行動都十分迅速，而且井然有序。彈彈射出，例不虛發，可見平時訓練精實，當然贏得了觀眾的一片掌聲。

可是，在砲位後方十幾米處，有個小兵站在那兒，從頭到尾一動也不動。

觀眾當中有一位企業家，在演習結束之後趨前向指揮官致意，同時也問了指揮官：「為什麼有個兵從頭到尾站在那裡，什麼事都不做？」

這下考倒指揮官了。因為從砲兵學校訓練開始，就是這麼操作的，從來也沒有人問過這個問題。他當然答不出來。於是，他回到砲兵學校的圖書館，將過去的操典仔細地研究了一番，才發覺原來是這樣：野戰砲兵必須靈活移動，而十九世紀的時候是靠著馬來拖砲，因此在開砲的時候，必須有個兵負責拉著馬，以免馬匹受到驚嚇而到處奔逃。到了二十世紀的今天，已經是靠機動車輛來移動野戰砲，但是那個負責拉馬的兵還是站在那裡，只是這個兵已經無馬可拉了。

在現代企業的工作環境裡，只要你稍加注意，仍然可以看到許多「不拉馬的兵」站在那裡。

昂貴但無用的「習慣」

一九八八年，我從台灣惠普調到香港的亞洲總部擔任市場部經理，我的下屬有個行銷公關（Marcom）部門，他們跟一家全球知名的公關公司簽約，為惠普產品在亞洲各國的媒體曝光率做統計分析。

這個公關公司每個月會給我們一份報告。在惠普亞洲總部及各國的高層之中，大約有三十幾個人會收到這份月報，平均算下來，這家公關公司的服務費用有多麼昂貴就可想而知了。

我仔細地把這個媒體月報讀了一遍，裡面顯而易見的錯誤就有二十幾個。我從行銷公關經理那兒得知，這份月報已經發行了一年半。然而，這些明顯而且影響重大的錯誤，居然沒有任何一位惠普高層提出來過。結論很簡單：沒有人在看這份報告，這份報告就是一個很昂貴的「不拉馬的兵」。

再說一個例子：我的老闆，也就惠普的亞洲區總經理，是個身高超過一米九的高大老美，平常在辦公室裡走動，特別引人注目。他經常抱怨辦公室裡太擁擠了，到處都是文件櫃，櫃子上還堆滿了許多電腦列印出來的報表和文件檔案。有一天，他在小張便條紙上寫：「在一個月之內，能發現這張便條紙的人，可以憑此便條紙，到我辦公室兌換港幣一百元。」

他趁大家不注意的時候，在占了三層樓的總部辦公室裡，把二十張便條紙塞到電腦報表或是檔案夾裡面。一個月過後，居然沒有任何一個人拿便條紙到他辦公室去兌換港幣一百元。這又是一個昂貴的「不拉馬的兵」。

成因與發現

造成這種現象有許多原因，其中一個就是組織人事的更換。俗話說：「新官上任三把火」，每個新官都有自己的習慣和作風，不管前朝做什麼，上任以後都會要求屬下依照自己的習慣做事。由於剛上任的新官對前朝傳承下來的工作並不了解，也沒有興趣了解，所以最好不要擅自改變，以免誤了大事。經過幾次改朝換代之後，工作只有增加沒有減少，於是處處都是「不拉馬的兵」。

建議各位朋友，在你的辦公環境裡，花點時間仔細去觀察、了解，一定可以發現許多這類無用的事物。所以，只要你敢用「減法」去消滅掉這些「不拉馬的兵」，在不影響平日生活的情況下，你必定會發現你的時間、資源、效率都增加了。

5 時間都去哪兒了？

一九八〇年代初期，我在惠普擔任電腦部門銷售工程師，當時公司請了一個第三方顧問公司，針對銷售、軟體支援、硬體維修工程師做了一個「有效時間」（Productive Time）的調查。

有效時間與無效時間

所謂有效時間，就是「有產值產生」的時間。以銷售單位而言，通常都是與客戶面對面、電話聯繫、電話或視訊會議等的時間。

例如：銷售人員拜訪客戶的時間，就是有效時間；軟體支援工程師在為客戶做軟體升級或是處理錯誤時，就是有效時間；如果是硬體維修工程師，在為客戶進行預防維護或是排除問題時，就是有效時間。

至於內部會議、查找資料、學習新產品、往來客戶端的交通時間、吃飯休息等，則被歸類為沒有產出、沒有產值的「無效時間」（Unproductive Time）。

在外商跨國公司，並不鼓勵員工透過加班來達到更高的產出。所以，實施這個調查的目的，是希望在正常上班時間之內，透過各種辦法和措施來減少無效時間、增加有效時間，提高有效益的產出。

如何調查出有效時間？

每一位參與調查分析的工程師都會戴上一支特製手錶，這個手錶在一個不是整數的特定時間段（例如每三十七分鐘），就會發出聲音提醒，這時工程師就要停下來，記錄當時正在做的事情。因為參與的人數夠多，樣本數也夠大，所以一個月下來就有相當真實的統計和分析資料，作為提升前線部隊（Field Force）生產力的參考。

我仍然記得，調查出來的結果是：有效時間的百分比低於五〇％。由於前線部隊必須經常到客戶端去服務，因此來往的交通時間就占了一大部分；其他則是內部會議、查找資料、處理郵件和文件、吃飯休息等。

提升有效時間

在時間規畫上，每一位前線部隊人員都要填寫下週行程表，預先計劃一週內每天外出的時間和目的地，以做好自己的時間規畫，並且作為公司聯絡的參考。

為了減少交通時間，公司鼓勵人員早上從家裡出發，直接前往第一個客戶端；接著用最短的路線到達第二個客戶端，最好一整天都是在公司外部拜訪客戶。此外，也將公司內部會議和處理業務的時間集中在同一天，而當天就不必再往外跑。這樣一來，就可以更有效地利用時間。

針對減少會議時間，公司也推出了一些辦法。例如減少大部門例行會議的次數和時間，改為主管和單一部門，或是單一個人來開會。避免為了主管的方便，而讓無關的人花時間參與和等待。

大部分的會議不外乎「例行會議」、「教育會議」、「解決問題的會議」幾種。應對的辦法就是減少例行會議，增加即時且精簡聚焦的解決問題會議，並將教育併入例行會議。

這些措施實施之後，確實排除了許多無效時間，也提高了有效時間的比重，但是這只解決了有效時間「量」方面的問題，而「質」的方面要如何改善呢？要在有效時間內提升工作品質與效率，就得用另外一種方法來解決了。

提升有效時間品質的技巧

當我們要完成一件任務的時候，通常要做一連串的事情，每個人做許多動作，加起來才能達到圓滿的結果。這些事情或動作大致可以分成三類：

一、**非做不可的事（Must Do）**：完成任務的核心關鍵事務，是必須做好的，否則結果一定不會好。

二、**有做更好的事（Want to Do）**：對於任務的達成會有巨大的作用，可以像放大鏡一般將效果變大，加速任務的完成。

三、**最好能做的事（Nice to Do）**：對於任務的完成會帶來「錦上添花」的效果，通常是一些準備的細節或是後續的動作等。

舉個例子，假設現在要邀請一個重要客戶到公司來參觀，簡報公司提供的整套解決方案，以贏得客戶的訂單。由於這是和客戶面對面的接觸，因此屬於有效時間的範圍。因為是客戶來訪，所以我方更有主場優勢，在準備和接待方面也有更充裕的時間。

在這個案例裡面，「非做不可的事」就是深入了解客戶的需求或痛點，準備好以我方產品為主角的最佳解決方案和建議，並且將最好的財務分析和投資報酬率的數字呈現給客戶。

至於「有做更好的事」，則是準備設計精美的投影片、準備和練習簡報的技巧、預想客戶的問題並且準備好答案、Demo的預演、測試電腦系統和投影設備等。

而「最好能做的事」，則有預留客戶停車位、準備好歡迎海報或顯示螢幕、安排會議室座位卡和鮮花茶點、辦公環境的整潔和打掃，可能的話共進晚餐、安排餐廳、安排交通。如果還有需要的話，再安排飯後第二攤等。

如果可以理想化地分配時間的話，應該是「非做不可」、「有做更好」、「最好能做」（Must/Want/Nice）分別占五〇％、三〇％、二〇％的比率，才是提升工作質與量的最好時間管理。

組織的黑洞

然而，根據我過去多年的經驗，大部分企業員工的時間分配卻正好相反：「非做不可的事」占二〇％、「有做更好的事」占三〇％、「最好能做的事」占了高達五〇％。

或許有一半的原因是，容易的工作比較吸引人去做；另一半的原因，可能是人性本來就是容易迴避問題，尤其是「非做不可的事」和「有做更好的事」往往都是既花時間又傷腦筋的事情。

在這兒，我又要提一下我常常說的一個現象：

一、組織並不是一張圖，組織是活生生的有機體。當你不注意的時候，它就會自己偷偷地長大。

二、組織對於任何的改變都會抗拒。

三、不管你額外投入多少的人力，組織仍然會忙到每天加班，但最終的績效和產出又沒有明顯地增加。

為什麼組織會像個黑洞，再多的資源、再多的人力投入以後，仍然忙到每天加班，而績效和產出卻往往沒有明顯地增加？答案和我上面說的三類事情有關。根據我多年的觀察思考，這個吸人力、吸資源的黑洞來自員工的行為：

- 員工更喜歡選擇做「最好能做的事」（Nice to Do）；

● 但公司的績效和產出，卻需要靠做好「非做不可」（Must）和「有做更好」（Want）的事。

例如，我看到過太多的業務人員經常抱怨業績目標太高達不到，時間有限、工作太多、忙不過來，但每次有需要和客戶應酬吃飯的場合必定不會缺席，而且積極安排第二攤，每天搞到三更半夜才回家，第二天帶著黑眼圈來上班，如此周而復始。這樣一來，這些業務人員當然沒有時間來做「非做不可」和「有做更好」的事情，其工作績效和結果也就可想而知了。

時間去哪兒了？用減法找出來！

作為一個公司的經營層主管，我經常要面對屬下主管前來要求更多資源、更多人力，而他們的原因永遠是「忙不過來」。如果你讀過前面〈不拉馬的兵〉，再讀這一篇〈時間去哪兒了？〉，我相信你也知道該如何處理了。

用「減法」！

一、在員工們的工作範圍內，找出那些「不拉馬的兵」，消滅他們；

二、做一個工作時間調查和分析，透過各種創新的辦法減少「無效時間」的比率；

三、找出大量占用員工工作時間的「最好能做的事」（Nice to Do），教導員工少做、不做這些事情，提醒他們要把時間花在「非做不可」（Must）和「有做更好」（Want）的事情上。

如果以上三點都能夠做到的話，我相信在不影響工作和家庭的時間平衡下，你在正常的上班工作時間裡，都會有足夠的資源和時間來完成任務，而且會有更好的工作績效和成果。

讓我們再仔細想想，「時間都去哪兒了？」

6 從根源解決問題，不要只「打補釘」

我在擔任富智康CEO、負責轉虧為盈的艱鉅任務時，第一步就是著手提升良率、降低損耗（節流），同時爭取訂單、提高稼動率*（開源），所以我幾乎整天都待在工廠裡，在現場督導生產工作。

退貨案例

有一天接到廠長的報告，發生一個品質客訴事件，客戶要求退貨。這是很嚴重的事，而且廠長及生產線幹部都十分了解我的要求，所以已經把錯誤發生原因和因應對策都準備好了，就等著我聽取報告。報告內容是這樣的：

一、問題發生的原因：

依照生管排程規定，在日夜班交接時，必須同時更換線上組裝的產品。照標準作業程序（下稱SOP）規定，前一班結束時，必須要清線清枱，把剩下的零件繳回倉庫。接下一班的線長和組長，則應該依照SOP在開線前清枱、領料、點檢使用的治工具。

錯誤出在上一班的線長沒有清枱，在組裝線枱上留下了一些沒用完的零件，而下一班的線長也沒有依照SOP清枱。由於零件屬於同一類，顏色和形狀又十分相似，因此不同零件就混在一起用了。

二、未來的防呆措施：

- 不同的產品必須分區生產，做到專區專用，以避免混料的情況再度發生；

＊編注：稼動率（Availability）為「實際工作時間和計劃工作時間（負荷時間）的百分比」，是一種評量設備效率的指標。

- 建議供應鏈部門要求廠商，不同料號的類似零件，應該標上不同的顏色，以利目視辨別、防止混用；
- 建議產品設計部門，在不同的產品上儘可能採用不同的零件，以避免類似情況再度發生。

整個報告貌似無懈可擊，但廠長和參與會議的生產線幹部卻被我好好教訓了一頓。

懲罰了沒犯錯的人

因為解決問題最好的方法，是從根源（Root Cause）徹底連根拔起，而不是「打補釘」，而這次的品質問題，完全是「人為因素」造成的，所以造成嚴重退貨的失職線組長應該受到懲處。可是，從上述廠長和幹部們建議的三個補救措施看來，主管們都不願意當壞人，結果犯錯的人沒事，沒犯錯的人反而間接受到懲罰，也就是根本就沒挖開病灶，而是在表面的傷口上打補釘。

變相懲罰了哪些沒犯錯的人呢？這三個「補釘」分別讓廠務、供應鏈以及產品設計部門增加了工作負荷，而最大的受害者則是公司，因為加上了這三個補釘之後，將會大幅增加生產成本。專區專用降低了生產空間使用效率，增加了空間分攤成本；不同料號、不同顏色，增加了材料成本；不同產品在設計時採用不同的零件，更是違反了「儘量採用通用零件」的設計原則。

從補釘找出病灶

打補釘最糟的地方在於掩蓋了問題的根源，但卻使事情更加複雜化，而複雜的做法會讓問題更容易發生，如果再出現問題，又在補釘之上繼續打補釘。這樣一來，很可能導致後來的人根本搞不清楚這麼多疊床架屋的措施究竟所為何來。

如果你仔細觀察自己的工作環境，可能會發現不少看似沒什麼意義的做法，如果追本溯源，一定可以發現許多過去的故事。而這些荒謬的做法，八成就是補釘；如果揭開補釘，下面還可能有更老的陳年補釘。

為什麼我特別提醒補釘現象？這和前面時間管理文章中提到的「減法原則」有點關係。運用減法來挑戰不明所以的繁複規則，就可以找出組織裡的各種補釘，再順藤摸瓜找到背後的根源。如果能從改善根源下手，再順道去除這些補釘，就能將原本複雜的工作簡單化。

補釘是競爭力的殺手

為什麼大多數企業會隨組織擴大而逐漸僵化，乃至於最後失去競爭力，步入衰退的命運呢？因為，有些企業留了太多「不拉馬的兵」，有的放任搞一堆「最好能做的事」（Nice to Do），有的不找病根而老用「打補釘」遮住問題。而我在這幾篇文章之中，應該提供了一些自我檢查的線索。

另外，打補釘的現象也會出現在組織架構上。由於某個部門沒有做好自己的工作，而領導者卻不針對這個部門的問題去糾正，反而認為部門的錯誤是常態，因此增加新的部門去監督，那麼這些監管單位就是補釘。

在組織架構上不斷地打補釘，必定會產生組織疊床架屋的現象，於是在人的方面就免不了「職權責分離」、「爭功諉過」、「資源內耗」等不良狀況發生。尤其是政府機構和國營事業，特別容易採用打補釘的做法，在組織架構上疊床架屋，因而大量產生了不必要的外包和監管工作，特別在發生重大工安事件的時候，更是不惜成本地猛打補釘。

當我們了解打補釘現象的本質以後，再來檢視許多重大事件的調查和挽救措施，就很容易清楚分辨哪些措施只是用來逃避問題，並沒有必要存在的補釘了。

7 為什麼大企業會做更多虛工？

這篇文章是延續「時間管理」主題，繼〈不拉馬的兵〉、〈時間都去哪兒了？〉、〈從根源解決問題，不要只「打補釘」〉之後，繼續分析我們的工作時間都用在哪些「不產生效益」的地方。但是，這篇文章是特別為位居高位的老闆們寫的。職位越高，掌握的資源越多，大至策略方針，小至閒話一句，都有可能導致基層忙得不可開交。

研發資源的浪費

八〇年代初期，我到矽谷惠普總部去出差，在庫波蒂諾（Cupertino）工廠碰到了一個台灣來的前輩，他比我早了六年在矽谷加入惠普公司，擔任電腦研發工程師。

我在跟他聊天的過程中，對他參與的電腦產品研發項目很感興趣。因為不知道哪些產品是他參與研發的成果，因此就請教了他。他的回答令我非常震驚，他說，他參與「技術型電腦系統」（Technical Computer System）系列產品研發六年，大大小小的產品研發項目超過十個，但很不幸地，沒有一個研發項目真正成為產品。有的在中途就被停掉了，有的在上市前進行最後評估的時候，由於競爭環境改變或競爭產品的關係，最後被放棄掉了。

或許這位前輩的運氣太差了，在這六年當中，他參與的眾多研發項目竟然沒有一個上市成為惠普產品。如果要深入追究，背後的原因可能相當複雜。當時年輕的我沒有想太多，只覺得惠普真是個大公司，居然可以花這麼多錢投入在研發上，結果全部打了水漂，可是公司還是相當賺錢。

八〇年代的惠普是一家大家公認為「技術導向」的公司，每年將營收中高達一〇％的金額再投入技術和產品研發。從上面這個例子就可以看出來，這些龐大的研發投入，會有一部分是沒有成果的。

由於研發人員精心設計的產品被放棄，憤而自己離職創業，最後獲得成功的例子比比皆是，一九八二年德州儀器的三位研發經理就因為負責的項目被公司高層否決，因此離職創立了康柏（Compaq）電腦公司。

行政資源的濫用

九〇年代中期，我派駐北京擔任中國惠普總裁。猶記得有一天，接到美國某產品事業部總部來的通知：一個月之後，該產品事業部的總經理將到香港參加一個國際論壇，想順便到中國大陸考察，以便尋找適合設立生產工廠的地點。

該產品事業部希望中國惠普能提出建議拜訪的城市和行程，並安排與中央政府相關部委的領導會面，以聽取官方的意見。同時，也要求中國惠普要做好所有準備工作，預先蒐集好資料，包含每個城市的介紹、地理位置、土地廠房租稅等優惠政策，以便產品事業部作為分析決策的依據。

為了滿足產品事業部的要求，在接下來的兩、三個星期中，包括我自己在內的中國惠普人員，都投入了大量人力、資源、時間，來準備這一次的拜訪行程。等到一切就緒，距離總經理前來拜訪北京的兩天之前，我們接到了產品事業部的通知：由於總經理在美國臨時有要事必須處理，因此取消了這次的亞洲行程。經過我們的追問，行程是否延期？延到什麼時候？總部回答：「一概不知」。事實上，直到我一九九七年離開惠普，這位總經理都沒有來中國大陸拜訪過。

多年以後，經過反思和檢討，我認為當時這位總經理確實有計劃到香港參加國際論壇，也想順便到中國大陸來考察。但是，參加國際論壇當然不是總經理的高優先工作事項，那麼順便到中國考察也就更不重要了。這位總經理一定不知道，為了他的一個「順便」的要求，我們聯繫了多少中央和地方政府官員，約時間、要資料、談判條件。結果最後這樣回馬一槍，弄得我們在這裡灰頭土臉、信用盡失。

為什麼大企業會「做虛工」？

這兩個小故事有一個共同點，就是企業的資源都浪費掉了。企業員工都做了很多「虛工」，而原因都是因為高高在上的老闆想法變來變去。

如果把企業看成一座金字塔，內部就是一層層互相咬合的齒輪，最頂端的一個齒輪就是CEO。CEO要了解，當他這個齒輪轉一個刻度時，金字塔最底層的齒輪，由於連動的機制，可能已經轉了幾十圈。當一個CEO想法不斷地改變時，就像頂層的齒輪不斷地左轉、右轉時，金字塔內各層的齒輪可能已經不堪操弄，散落一地，金字塔就垮了。

然而，我在之前的文章中也多次提到，組織是一個活的有機體，對於任何改變都會抗拒，越大的組織，層級越多，這種現象越嚴重。

組織為了生存和穩定，往往會自動忽略高頻率變化的上級指令。於是，金字塔高層的齒輪轉動，最後只能帶動直接的一、兩層齒輪。至於再往下的齒輪，就自動脫鉤了。

我認識許多大企業的老闆，往往都會感慨地抱怨，為什麼自己的命令與決策沒有辦法貫徹到組織的最基層？或許老闆們應該想一想，自己的想法是否變化太頻繁了？作為一個企業或政府的領導人，必須了解這個道理，而且謹言慎行。因為一旦坐在那個位子上時，就失去了「任性改變」的權力。如果不能領悟這一點，那麼代價就太龐大了。

8
談「創二代」
——從守成、布局，到放手改革

在我過去輔導過的群體裡面，有一個少數又比較特殊的年輕群體，就是所謂「創二代」，顧名思義，就是創業家的第二代、接班人，或是準接班人。

海峽兩岸都一樣，成功的創業家對下一代接班人的培養，有不同的態度和方法。有的採取自由放任的態度，樂見但並不要求自己的孩子要接班；有的明確要求下一代要進入自己的企業，甚至得從基層幹起。要求下一代要接班的創業家又有許多不同的做法：有的帶在身邊；有的交給老臣。帶在身邊的比較多，但風格各異：有的言教身教，給予魔鬼式的各種磨練；有的苦口婆心諄諄教誨，給予相當大的權力和責任，從實作之中學習。

成功的華人創業家看著自己一手建立的龐大事業，絕大多數難以交給外人接班，所以免不了成為家族企業，可是身為「創二代」的這些年輕人，碰到困難的時候，又大多很難平起平坐地和第一代坐下來溝通，因此就需要一些有經驗的良師益友來輔助他們。由於我在業界的資歷較深，很早就認識這些第一代的創業家，也從小看著這些「創二代」長大，被叫了二、三十年叔叔伯伯，對於找上門求教的這些年輕人，自然是義不容辭地幫忙。

傳承與轉變

歸納這些「創二代」的情況，他們大多都面對相似的情境——傳承與轉變。

在二〇一一年一月出版的《哈佛商業評論》（*Harvard Business Review*）中有一篇文章〈執行長的開創執行力〉（The CEO's Role in Business Model Reinvention），作者是維傑・高文達拉簡（Vijay Govindarajan）和克里斯・特林柏（Chris Trimble）。這篇文章指出，公司要永續經營，商業模式就不能一成不變。但**要執行商業模式創新，必須平衡「守成」、「除舊」、「布新」這三股力量**。因此，有遠見的執行長必須做到三件事：持續發展現有的事業、終止衰退的產品和部門、創造未來的新事業。

想想過去十年來，這幾個偉大的商業模式創新：搜尋引擎的Google、網路影音的網飛（Netflix），以及網路電話的Skype。現在再想想：為什麼是Google而不是微軟（Microsoft）稱霸搜尋引擎？為什麼是網飛而不是百視達（Blockbuster）成為內容新貴？而創建網路電話的為什麼是Skype而不是電信巨擘AT&T？為什麼獨霸一方的公司，竟無法掌握未來的新主流，老是輸給後起之秀？

這個普遍存在的問題，有著數不清的例子。答案很簡單：許多成功企業過度專注於執行現在的商業模式，忘了商業模式遲早會過時。公司若要永續經營，就必須在守成、除舊、布新這三股力量之間取得適當的平衡，而執行長最重要的任務就是達成這項平衡，但大多數的公司卻一面倒地把資源放在守成上。

在大部分的企業中，守成的重要性高於一切，除舊和布新則往往遭到漠視，尤其在第一代的創業企業中，這種現象更為明顯。原因很簡單：一個成功創業的企業家，不會輕易改變自己的成功方程式。糟糕的是，今天的成功模式不保證明天也會成功。執著於今天的成功模式，反而會導致明天的失敗。

身為準接班人的第二代，就必須了解自己所要面臨的挑戰和責任，同時清楚了解自己的優勢和劣勢，才能夠在被培養接班的過程中找到正確的方向和做法。

「創二代」的優勢與劣勢

「創二代」的普遍優勢是：

一、沒有包袱，所以容易除舊；

二、年輕、活力、新科技、有創意，所以容易開創、布新。

「創二代」的普遍劣勢：

一、沒有參與創業、沒有戰功、沒有威信；

二、缺乏經驗。取得經驗要付出時間與金錢，沒有捷徑；

三、沒有自己的人馬，執行力受到限制。

從優勢和劣勢的分析可以很清楚看出來，「創二代」在做好守成上挑戰比較大，而這個守成正是上一代創業者的強項；「創二代」在除舊和布新上比創業的第一代有優勢。如果能夠了解這種「互補」的情況，又知道採取什麼樣的「做法」來順利接班，那麼「創二代」就有很好的機會，可以引領企業逐步除舊布新，成功再登上一個新的台階。

守成不易：立戰功

首先談談守成。在我輔導的這些案例當中，接班人首先面臨到的挑戰就是如何立下戰功、建立威信，馴服這些和第一代創業家共同打天下的老臣們。接班人有兩樣東西一定要親自抓，就是業務和財務，能夠在這兩個領域立下戰功，接班人就立於不敗之地。

在業務成長方面，我認為要避免「三新」——新產品、新市場、新客戶同時發生，盡量以現有產品開拓新客戶或是新市場，是比較容易見到成效的。許多案例是，創二代認為現有的產品不符合市場需求，因此要求研發部門要修改，或是開發新的產品，來滿足市場需求。產品開發通常所需時間長，投入資源大。在真實的案例中，掌握開發資源的老臣們會抗拒改變，導致開發新產品卡東卡西，結果是接班人的想法沒有辦法順利落實，而在老臣的眼中，剛好拿著產品策略有問題當藉口，坐實了「少主無能」。

在新客戶和市場方面切入，雖然沒有經驗但也沒有包袱。運用一些新思維與戰術，以少主之姿建立新關係，建功比較順利，開拓了老臣所沒有的新客戶和新市場，在老臣的眼中這個就是實打實的「戰功」。

在財務方面，接班人一定要非常熟悉財務三表，尤其是損益表。在業務方面能夠立下戰功的話，營收必定能夠成長。接下來就是要控制成本和費用，就能交出一張漂亮的利潤成績單。

創業唯艱：布新局

接班人當中，也有一些有雄心壯志、不想光吃祖產、想要開創新局的人。創業第一代當中，也有一些開明而期待轉型的，他們願意提供資源，鼓勵接班人開創新事業。在我輔導的對象裡，就有許多「創二代」正在企業內或體制外創業的例子。在這個時候，鴻海的「郭語錄」當中就有一個非常有用的「十二字箴言」：

- 訂策略；
- 建組織；
- 布人力；
- 置系統。

這四個步驟，是有時間順序的。一個新創的事業，首先最重要的就是要決定各種策略，策略定下來以後，才能夠設計有執行力的組織，組織設計好之後，才能夠尋找最合適的人才，否則很容易陷入「因人設事」的陷阱裡。在組織人事都確定，並且運行一段時間以後，就需要建制管理系統，利用系統來營運管理，避免「人治」的現象。

但是新創企業的創業者往往不按照這樣的時間順序來執行。在沒有制定清晰策略的情況下，貿然就現有團隊成員的專業，開始來設計組織。如果融資順利的話，就快速招聘員工，但在缺乏策略和管理系統的情況下，成本費用迅速增加，而效率往往很低，因此大部分走向創業失敗的結局。

「創二代」的創業和我平常在輔導的創客創業，盲點沒有什麼不同，只是「創二代」反而因為更容易取得資源，因此往往更快犯錯、所犯的錯誤影響更大。因此更不要急於成功，更應該步步為營。

除舊不易：改革難

在我輔導的案例當中，也有規模相當龐大的企業集團。創業的第一代往往不願意終結失去競爭力或營收獲利大幅衰退的子公司，而把這個攤子交給接班人，作為一個磨練和考驗的機會。初生之犢不畏虎，接班人也無視艱難，反而摩拳擦掌，想要做一番大改革，以證明自己的能力。

這樣的企業，問題也很容易抓出來，不外乎產品過時、技術落後、組織龐大、人員老化、管理鬆散、成本沒有競爭力等。因此「創二代」準備著手改變產品和市場策略、精簡組織提高效率、淘汰冗員替換新血、降低成本增加競爭力等。

這些做法完全依照「郭語錄」的十二字箴言和順序來進行，看來是按部就班並無不妥。可是我反而建議他們不能夠這樣做。為什麼呢？因為**「建立」和「改造」的程序是不一樣的**。

改造是「逆向工程」

對於一個組織龐大僵化、人員老化的企業，不能夠進行由上而下的大手術，尤其是一個初登舞台的接班人，在沒有戰功和威信的情況下來動刀，很容易造成「上有政策、下有對策」的結果。

大企業的改革或創新，必須要像攀岩一樣，「三點不動、一點動」，如果改革幅度過大，就像攀岩時一點不動、三點動，一下沒抓緊肯定就摔下來。

以蓋房子作比喻，「訂策略」就像打地基，「建組織」就像承重牆和支柱，「布人力」就像隔間裝潢，「置系統」就是水電瓦斯。要改造老房子，就要反過來做。

首先，要把不同事業部門各種不同的管理系統，予以調整或統一，降低整併的難度，然後在執行層引進年輕專業的新血，確保執行的力度，一方面也建立中階主管的接班人。人事布局到一定程度，再做組織的調整或合併。上述步驟是從「修系統」開始，然後「布人力」，接著「改組織」，改造至此，進行策略改革就順風順水了。

「創二代」接班在平衡守成、除舊、布新上，先做現有主流模式下的「守成開創」，還是先從新事業「局部創新」，都無不可，重要的是需要先有戰功，但是最終也都需面對舊組織改造的問題，改造千萬不能一廂情願，建議要以「逆向工程」的順序進行。

企業如何傳承與轉變

台灣在目前的經濟困境中，許多成功的第一代創業家已經陸續面臨接班問題。創業家希望自己創立的企業能永續經營，就需要有成功的接班人。接班人既需要傳承，也需要轉變。既需延續可用的成功模式，也要隨環境的改變創造新的模式。

接班人的養成需要一個精心規劃的過程，創業家忙於經營事業擴充版圖之際，非常需要勻出些時間精力關注此事。「創二代」接不接班？如何接班？「創二代」有優勢也有劣勢，如何利用優勢變身真命天子而非無能少主，就看如何在接班設計上幫助他立功服眾，順利執起令旗了。

分享我對這些「創二代」的輔導經驗，是希望能夠對功在台灣的第一代創業企業有所幫助，讓他們也能華麗轉身，既承續過去的基業，也成就下一代的轉型。

Part 2

企業文化的巨大影響力

9 談企業的價值觀與文化

我曾經在一次公開演講時，談到「價值觀」和「企業文化」，聽眾當中有人發問：

關於企業價值觀的選擇，中國五千年歷史有許多經書古籍，其中不乏智慧的哲理。所以，企業的價值觀是否應該從中國歷史古書裡去找，會比較適合華人企業？還是應該從西方企業五百強裡去找比較適合自己的？

「價值觀」是企業文化的核心。所以，在回答這個問題之前，讓我們先看看什麼是價值觀。

價值觀是什麼？

維基百科裡對於價值觀的解釋是這樣的：

價值觀（Value）是一種處理事情判斷對錯、做選擇時取捨的標準。有益的事物才有正價值。對有益或有害事物評判的標準就是一個人的價值觀。

漢語詞典裡面的解釋是這樣的：

關於價值的一定信念、傾向、主張和態度的觀點，起著行為取向、評價標準、評價原則和尺度的作用。

而百度百科裡面有這樣的一段描述，值得大家參考：

價值觀是指一個人對周圍的客觀事物（包括人、事、物）的意義、重要性的總評價和總看法。像這種對諸事物的看法和評價在心目中的主次、輕重的排列次序，就是價值觀體系。價值觀和價值觀體系是決定人的行為的心理基礎。

價值觀念是後天形成的，是通過社會化培養起來的。家庭、學校等群體對個人價值觀念的形成起著關鍵的作用，其他社會環境也有重要的影響。個人價值觀有一個形成過程，是隨著知識的增長和生活經驗的積累而逐步確立起來的。個人的價值觀一旦確立，便具有相對的穩定性，形成一定的價值取向和行為定勢，是不易改變的。

綜合以上的敘述，我個人認為：

一、價值觀是一種標準，是一種信仰，具體表現在個人的態度、看法、判斷、行為上。

二、價值觀是後天形成的，與家庭、學校、環境的教育有密切的關係。

三、由於周遭環境人事物的複雜性，因此價值觀不是單一的，而是多種的，而且有主次、輕重的排列次序。

四、價值觀形成的過程當中受到群體的影響，例如：國家、社會、民族等，因此群體的成員裡面會有共同的價值觀，也可能因為受到環境差異性的影響，而有個別不同的價值觀。

五、個人的價值觀一旦確立，便具有相對的穩定性，除非受到重大的衝擊，否則是不容易改變的。

例如：慈悲、善良、誠實、孝順，可能都是在同一個社會群體環境長大的人，所共同擁有的價值觀，但是個別成長的環境不同，因此除了這些共同的價值觀之外，每個人可能會有不同的價值觀存在。

由於成長環境的差異，這些共同擁有的價值觀，在不同的人心中可能會有不同的優先排列次序。有的人可能認為「誠實」凌駕一切其他價值觀，但有的人可能認為「慈悲為懷」更重要，因此白色謊言是無傷大雅的。

企業的核心價值觀

企業文化之中最重要的，就是「核心價值觀」，這個核心價值觀通常都是創始人的個人信仰，在創業和成長發展的階段，透過領導和個人魅力影響企業核心團隊成員所形塑的。

許多企業家以為，核心價值觀和企業文化是一種員工教育，透過教育培訓和宣傳推廣，就可以塑造一個企業的核心價值觀和企業文化。其實這是一種非常錯誤的想法。如果一個企業家連自己挑選的核心價值觀都不相信，那麼在自己的行為舉止和思維決策上，就會出現言行不一致的情況，價值觀也就會淪為口號。

所以，對於那位聽眾的問題，我的回答是：

企業的核心價值觀不應該從中國的歷史或西方成功企業的案例裡去尋找。如果這是你的企業的話，應該很誠實地問問你自己，究竟你的信仰是什麼？列出你認為重要的信念，然後使用強迫排序（Forced Ranking）的方法，挑選前幾個作為你的企業的核心價值觀。

以下是我在惠普工作時，惠普的核心價值觀，翻譯供各位讀者參考：

- 我們信任並尊重個人；
- 我們注重高標準的成就與貢獻；
- 我們以不打折扣的正直態度來經營；
- 我們透過團體合作來達成共同目標；
- 我們鼓勵做事的彈性與創意。

10 核心價值觀與企業文化

一九八〇年代中期，我引進惠普的技術，幫台塑關係企業的南亞公司在桃園南崁蓋第一個印刷電路板（Printed Circuit Board，下稱ＰＣＢ）工廠「錦興廠」。正在如火如荼地興建時，有一天接到了王永慶辦公室的通知，內容是王董事長將有美國矽谷行程，希望我能夠幫忙安排拜訪行程，參觀惠普位於矽谷山景城的ＰＣＢ工廠。

由於我在台北工作非常繁忙，所以安排好之後，我並沒有陪同王董事長一行去參觀這個工廠，但王董事長返台之後，我就前往拜訪，以便了解參觀的情況，以及是否有我需要跟催執行的後續工作。

Coffee Break的意義

我請教王董事長，這次參觀惠普工廠最深刻的印象是什麼。王董事長回答，惠普真是一家了不起的公司，令他印象最深刻的，是每天上午十點和下午三點都會有一個休息時間，叫做「Coffee Break」（茶歇）。在這個休息時間中，公司免費提供咖啡飲料和各種水果、甜甜圈、西點，給包括生產線員工的所有同仁享用。

我當時聽到王董事長的這番話，感到非常意外。因為我期待聽到的是惠普的人性化經營管理、高度的生產自動化、先進的科技等，沒想到王董事長說的居然是Coffee Break。

事後想想，也有道理。這就是「高科技產業」和「成熟傳統產業」之間的區別。當時惠普公司每年投資營業額收入的一〇％在研究開發上，而產品都是少量、多樣、高單價的儀器產品。而台塑集團主要則是石化塑膠方面的傳統產業，必須要靠不斷地自動化和合理化來節約成本、提高效率、競爭生存。如何能夠提供給員工這麼好的福利？

文化需要隨時間調整

在一九八〇年代的惠普，Coffee Break就如同惠普最有名的政策——「內部晉升」（Promote from Within）、「永不裁員」（Never Lay Off）——一樣，就是企業文化的一部分。到了九〇年代中期，我在北京擔任中國惠普總裁，由於電腦、個人電腦、印表機占公司營業額的比重越來越高，面臨的競爭環境已經不像過去，惠普早期是以測試儀器、醫療儀器以及分析儀器為主。少量、多樣、高單價的儀器產品，慢慢地被大量生產、價格競爭激烈的ＩＴ產品所取代，全球各地的惠普機構都開始推動降低成本、提高效率、生產製造移到亞洲、加強採購談判籌碼、壓低供應商價格、採用生產代工廠、增加臨時約聘人員等措施。

在這種大環境下，終於從美國總部傳來了停止Coffee Break的命令。於是行之有年、全球惠普員工都非常習慣並認同為惠普企業文化代表的Coffee Break，就這麼戛然而止。由儉入奢易、由奢入儉難，這是人的天性。所以不難想像，當時員工的反應有多麼大：幾乎所有的員工都在抱怨，認為惠普的價值觀已經死了、惠普文化已經改變了，甚至

「今天的惠普已經不是人性化的惠普」了。

對於正在進行體制改革、提高員工滿意度的中國惠普來說，這個改變確實成為我很大的挑戰。我必須提出一套說法，與員工做深入的溝通，告訴他們外部環境的改變，促使我們必須跟著改變，以增強惠普的競爭力，但是惠普的核心價值觀並沒有改變。

首先我必須跟員工解釋清楚，核心價值觀和企業文化的關係，然後告訴員工Coffee Break是企業文化的一部分，必須隨著外在競爭環境的改變而改變，但是Coffee Break並不等同於核心價值觀。根據我對惠普價值觀和企業文化的了解，我提出了「企業文化洋蔥圈」的理論和模型。

企業文化洋蔥圈

▼第一層：核心價值觀

企業文化就像個四層的洋蔥圈，最核心的部分就是企業的「核心價值觀」，也就是創始人的信仰和信念，依據創始人的信仰，聚集了一批志同道合的創始團隊，開始了企業的發展。

隨著企業成長茁壯，員工的數目快速增加，靠著企業的核心價值觀凝聚了為數眾多的員工，為共同的目標而努力。只要企業還存在著，這個核心價值觀應該是恆久不變的。

▼第二層：願景與策略

由內往外的第二層是「願景與策略」。基於共同價值觀的一群人，創立了一個企業，定義了企業的使命（Mission）、願景（Vision）、目標（Corporate Objectives）和策略（Strategies）。

第二層的「願景與策略」，必須跟著外在的環境而做修正和改變。就以惠普公司所在的高科技產業做

企業文化的架構

例子：惠普的使命和願景，在一九九二年因應從「電子時代」進入「資訊時代」（IT）而改變。進入二十一世紀，由於互聯網和移動互聯網的興起，「資訊時代」又進入了「資通信時代」（ICT）。隨著高科技腳步加快，外在環境的改變也越來越快。今天，「資通信時代」已經要被「物聯網和人工智慧時代」（IoT and AI）所取代。

但是，第二層至少要有十到十五年的穩定，不會每年做重大的修正和改變。

▼第三層：目標與管理

由內往外的第三層是「目標與管理」，根據第二層的「願景與策略」，必須落實在管理和執行層面。用英文「Policy and Practice」可以更加傳神地解釋。

所謂Policy，就是可以白紙黑字寫下來的「規章制度」，包含各種管理流程和表單。一個管理正規化的企業，在財務、法務、人事、行政、總務、銷售、稽核、生產製造等單位，都會有很清楚的規章制度，讓員工依循遵守。Practice則是各種「不成文的規定」或習俗，並沒有任何白紙黑字規定，但是企業裡的每一個單位、每一個員工，都形成默契似的遵照辦理。

例如在當時惠普的「Get Together」（主管和員工每週都要有一個固定時間，一對一溝通一個小時），或是我在德州儀器的時候所流行的 Weekly Report（每個部門主管都要向他的上級主管提出週報）。從這裡也可以看出來，惠普比較重視面對面的溝通，德州儀器比較重視文字報告。

「目標與管理」當然也要隨著第二層「願景與策略」的改變而更快速地改變，因此，第三層的穩定週期大約在五到十年左右。

▼第四層：決策與行為

由內往外的第四層，也就是最外層，則是「決策與行為」。內三層的強大影響力，最終會落實到企業每個員工日常工作的決策與行為上。

企業員工每天面對的是動態的環境和挑戰，因此決策與行為是經常需要調整或改變的。這一層也是洋蔥圈模型裡面，變化最多、最快的。

企業文化的強與弱，要看企業的員工是否有共同的價值觀、是否有相同的願景、是否朝著共同的目標而努力，但這些都是在短時間之內很難看到的。所以，最終還是要看所有員工的決策與行為是否有一種共同的模式或一致性。

企業文化的定義與改變

根據《美國傳統英文字典》（*American Heritage Dictionary of the English Language*）對文化的定義，文化是：

> 人類群體或民族世代相傳的行為模式、藝術、宗教信仰、群體組織和其他一切人類生產活動、思維活動的本質特徵的總和。

我的理解是，一群人只要樣本夠大，就會有相同的行為特徵或模式。因此，根據這一群人的不同組合，就產生了民族文化、宗教文化、社會文化、政黨文化、校園文化、家族文化、企業文化。這些不同種類的文化，都可以用我的洋蔥圈模型來解釋：不同的人群聚落，受到核心信仰的吸引，有著共同的願景和目標，受到各種有形無形教條的制約，最後表現在共同的思想和行為上，就形成了各種文化。

透過我這個洋蔥圈模型的解說，中國惠普的員工就很容易了解，惠普的核心價值觀始終是那五個（請見上一篇〈談企業的價值觀與文化〉最後面），並沒有改變，而改變的Coffee Break則是在第三層的不成文規定（Practice）。改變的原因就是我們已經從「電子時代」進入了「資訊時代」，我們的產品不一樣，我們的競爭對手不一樣，我們的競爭規則也改變了。我們必須跟著改變，企業才能夠生存下去。

於是，我不僅僅是平息了一場風暴，也提高了員工滿意度，更加凝聚了員工的向心力。員工對核心價值觀和企業文化也有了更深入的了解。

11 「惠普的價值觀」對創業者的啟示

一九三七年八月二十三日，兩個剛從大學畢業不久的工程師聚在一起討論，最後他們決定創業、成立一家公司。他們在這一天開了第一次會議，把一些想法寫在紙上，這或許就是他們的第一份商業計畫書。在這份簡單的會議紀錄上寫著：

我們決定在電子領域開發和製造產品。但是到底要做什麼產品？這個留待以後再說吧。

接著他們腦力激盪，產生了許多想法，考慮到的產品包括留聲機的放大器、空調的控制器、電視接收器、焊接設備，甚至包含醫療設備。只要能夠在技術上有一些貢獻，能夠讓公司存活下來，都可以嘗試。

就如同我輔導過的很多新創公司一樣，在接下來的一年多，這家新創公司就靠著接一些客戶委託的產品設計和製造工作，產生一些微薄的收入，其中還包括一種利用電流刺激震動來讓人減肥的產品。

最後，他們的一款音頻震盪器受到了華德．迪士尼（Walt Disney）製片廠的青睞，一口氣買了八台，讓這家公司得到了第一筆大訂單。事實上，這個產品在技術上並沒有什麼大突破或大貢獻，只因為競爭對手開的價格是他們的六倍，所以靠著低價拿到了這個大訂單。

創業家精神

暢銷書《基業長青》（*Built to Last*）的作者之一吉姆．柯林斯（Jim Collins）在一九八八年之後任教於史丹佛大學（Stanford University）企管研究所多年，並曾於一九九二年榮獲史丹佛傑出教授師鐸獎。

一九九〇年代初期，他在該校企管研究所開了一門叫做「創業家精神」（Entrepreneurship）的課，在上第一堂課的時候，他把這份一九三七年的會議紀錄拿出來，讓這些MBA班學生仔細閱讀，然後要求學生們把這家新創公司的做法的優劣點寫下來，並以一到十分（十分為滿分）為這家公司的創業經營策略打個分數。

學生們給的平均分數大概就是三分。他們批評這家新創公司「缺乏產品策略、缺乏專注力、缺乏清楚的目標市場、沒有典範轉移、沒有遠大的願景，也沒有顛覆性的技術」，也就是說，這份一九三七年的會議紀錄根本稱不上是一份好的商業計畫書。

在聽完學生們的意見以後，他說：「喔，順便提一下，這家公司的兩位創辦人就是惠普公司的威廉．惠利特（William Hewlett）和大衛．普克德（David Packard）。」頓時課堂裡一片死寂，學生們都驚呆了。

慢慢地有學生反應：「這跟我們在MBA學校裡學的不一樣啊！在學校裡我們學的是，你要有一個偉大的產品、偉大的創意，才能夠建立競爭優勢、成立一家偉大的企業，不是嗎？」柯林斯老師回答：「結果證明，惠普是一家偉大的企業。所以他們兩位創辦人在創立公司的時候，確實有偉大的產品和偉大的創意。你們仔細想想看是什麼？」

經過十幾二十分鐘以後，終於有學生說出了重點：惠利特和普克德的偉大產品並不是音頻振盪器，也不是後來的計算器或迷你電腦，他們兩位的偉大產品就是「惠普公司」，他們最偉大的創意和想法，就是「惠普的價值觀」（The HP Way）。

惠普的價值觀

在我過去輔導過的五百多家新創團隊和新創企業當中，大部分人面臨的情況和惠普公司初期的情況是一樣的，也就是：他們並沒有具體產品的想法。創業初期就好像溺水的人一樣，抓到什麼東西都是寶，所以也都是靠著承接一些客戶的產品設計和製造來維持生存，因此，產品都是發散的、沒有聚焦的。

惠利特和普克德創造了偉大的惠普公司，創業之初的車庫被尊稱為矽谷的發源地，但是，我輔導的這些新創公司卻有九成五以上都失敗了。最大的差別，不就來自於偉大的價值觀和企業文化嗎？

惠普公司成立的時機非常差，正處於美國經濟大蕭條的末期，和第二次世界大戰快要開始的時候，但是當時的美國卻有著穩定的中產階級和虔誠的信仰，那段時期的大學畢業生都擁有相同的價值觀。因此，惠普公司在成立之初並不難找到許多擁有共同價值觀的年輕人加入。

共同的價值觀

如今，在海峽兩岸的情況都很類似：在多元化、個人化、只追求經濟成長或政治熱情的情況下，一個共同的價值觀似乎變成沒有那麼重要了。因此，許多新創團隊只追求眼前的利益和公司的估值，所以很容易在遭受到挫折以後就潰散了。

在一九九五年九月初普克德訪問北京的時候，我從他手上拿到一本親筆簽名的英文版《惠普風範》（*The HP Way*），當時如獲至寶，很快地把這本剛出版的書讀了一遍。最近幾天，我從書架上把這本書找了出來，仔細地又讀了一遍。我過去三年輔導了超過五百個創業團隊和新創企業，再次閱讀這本書，和二十二年前第一次閱讀的感受也完全不一樣了。

我誠心地希望，所有有心創業的年輕人都應該仔細把普克德這本類似自傳的書讀過一遍，相信對於想要創業的年輕人一定會有很大的啟發和收穫。

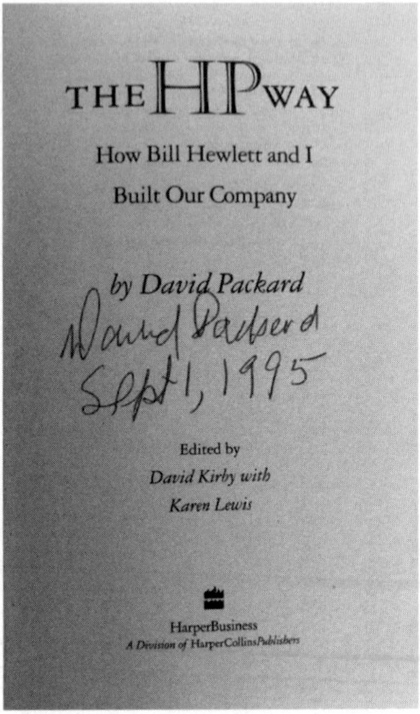
THE HP WAY

How Bill Hewlett and I
Built Our Company

by David Packard

David Packard
Sept 1, 1995

Edited by
David Kirby with
Karen Lewis

HarperBusiness
A Division of HarperCollinsPublishers

12 談談惠普和德州儀器的企業文化差異

我在惠普公司服務了將近二十年，在德州儀器公司也服務了十年，這兩家都是總部位於美國、世界知名的高科技跨國企業，因此有很多朋友請我對這兩家公司的價值觀與文化做個比較，並且評論一下哪一家的企業文化比較強。要回答這個問題，首先要對這兩家公司的歷史做個回顧，才能夠比較清楚地了解兩家公司之間的相同和差異。

由於惠普公司是大家公認的美國矽谷發源地和創始者，所以可能有比較多朋友了解它的歷史。因為我在之前的許多文章裡，都提到過惠普公司的兩位創辦人和早期歷史，因此在這裡就不詳細介紹了。倒是德州儀器的早期歷史，對於大多數朋友來講比較陌生。我就在這裡做個簡單的介紹。

早期的德州儀器

美國德克薩斯州（Texas）簡稱德州，位於美國中南方，與墨西哥為鄰，是一個出產石油的地區。由於擁有豐富的石油資源，在歷史上是兵家必爭之地，因此經歷過六個不同的統治時期，所以是個有「六面國旗」（Six Flags）之稱的一個州。

德州儀器的歷史，可以追溯到一九三〇年。當時約翰·克萊倫斯·卡徹（John Clarence Karcher）和尤金·麥德莫特（Eugene McDermott）兩人創建了一家叫做「地球物理服務」（Geophysical Service Incorporated, GSI）的公司，為當地石油工業提供地質探測的服務。一九三九年，這個公司重組為「科羅納多」（Coronado）公司，「地球物理服務」則成為科羅納多公司的一部分。一九四一年十二月，麥德莫特和三位「地球物理服務」的雇員——約翰·艾瑞克·強森（John Erik Jonsson）、塞瑟爾·霍華德·格林（Cecil Howard Green）與亨利·貝茲·皮科克（Henry Bates Peacock）——買下了「地球物理服務」公司來獨立經營。

由於石油探勘和地質探測都需要非常先進的訊號處理技術，因此「地球物理服務」公司成立了一個「實驗室和製造部門」（Laboratory and Manufacturing, L&M）。一九四二年起，「地球物理服務」憑藉著源自石油工業開發的地質探測技術，轉而研發潛艇探測技術和設備，開始進入國防電子領域。二次世界大戰期間，「地球物理服務」為美國通信部隊和海軍製造了許多電子設備，戰後則延續了這方面的成就，繼續進行電子產品的研發和生產業務。

一九五一年，「實驗室和製造部門」憑藉著國防工業方面的業務，迅速超越了「地球物理服務」地理部門的規模，因此，該公司被重新命名為「通用儀器」（General Instrument）。同年，公司又更名為「德州儀器」，也就是它如今的名字。之後，「地球物理服務」逐漸變成了德州儀器旗下的一家子公司，直到一九八八年被出售給同樣從事石油探勘服務的「哈利伯托」（Halliburton）公司為止。

從一九五〇年代初期開始，德州儀器投入電晶體（Transistor）的研發，同時也製造了世界上第一顆商用電晶體。一九五八年，在德州儀器新研究實驗室工作的傑克．基爾比（Jack Kilby）發明了世界上第一款積體電路（Integrated Circuit，下稱ＩＣ）。

回顧惠普和德州儀器兩家公司的歷史，重點在於德州儀器的創立並不像惠普公司那麼單純，從一九三〇年創立之後，歷經重組、分拆、管理階層收購（Management Buyout, MBO）、*轉型，直到一九五一年正式命名為德州儀器公司。在這二十一年之間，德州儀器經過了許多經營層與業務型態的轉換。

兩家公司的相同之處

德州儀器和惠普兩家公司，都成立於美國經濟大蕭條時期的三〇年代：德州儀器是一九三〇年，惠普公司則是一九三九年。而兩家成立之初，都專注於儀器的研發和製造。

檢視兩家公司曾經生產過的產品，會發現兩家公司有極大的相似度。測試儀器就不用說了，包括半導體、迷你電腦系統、家用電腦、筆記型電腦、攜帶式計算機、軟體、內建計算機的手錶等，都是兩家公司曾經生產過的產品。

德州儀器的三大價值觀分別是：正直（Integrity）、創新（Innovation），投入（Commitment）。而惠普的五大價值觀之中，有三個和德州儀器相同，另外還多了信任與尊重（Trust and Respect）、團隊合作（Teamwork）兩項。

相異之處

一、民風不同

德州儀器創立所在的德州，相對於西海岸的加州而言，民風比較保守；而惠普則創立於移民首選的加州灣區，民風相對比較積極主動、冒險犯難，文化上較為注重創新與創意。

---

*編注：「管理階層收購」意旨某公司的管理階層將該公司予以收購之交易，為企業購併的一種形式。收購完成後，原先的管理階層就同時是公司的所有者與經營者。

二、企業文化不同

雖然兩家公司在過去八十年的發展上，曾經有許多產品是非常類似的，但由於產業發展和領導人的策略影響，今天的惠普已經成為了一家生產個人電腦和印表機的公司，而德州儀器則是世界著名的半導體公司。

由於產品和產業的不同，這兩家公司的作風也漸行漸遠，造成了文化上的差異。依照我的洋蔥圈模型，這兩家公司的核心價值觀是非常接近的，但在第二圈「策略與願景」、第三圈「目標與管理」和第四圈「決策與行為」方面，都有很大的不同。尤其在一九九〇年代的時候，兩家公司基於技術、產品和產業的不同，可以看出很明顯的文化差異。

當時惠普兩位創辦人仍然在世，對公司的決策仍然有很大的影響力，因此，在儀器和電腦並存的這個時候，整個企業電腦網路的拓撲學（Topology）*分布，是採取分散式（Distributed）處理的網路架構。在人的管理上，惠普推崇的是面對面的溝通。

而德州儀器已經是一個全球領先的半導體公司，這個產業裡的晶圓廠，產能是非常巨大的，必須要集中管理晶圓製造廠和封裝測試廠，又能夠讓各產品線利潤中心共享。

在企業電腦網路的拓撲學分布上，德州儀器採取中心式處理的網路架構（也稱星形拓樸，Star Topology）。在人的管理上，則普遍採用每週一篇文字報告作為溝通的主要方式。文字週報主要的好處，就是可以透過郵件、網路，同時傳遞給老闆、屬下和其他相關部門，加快了訊息傳遞的效率，但這個作法卻失去了人與人見面、建立互信和人際關係的機會。

三、最高管理者的型態不同

惠普公司從一九三九年由惠利特和普克德創立之後，就由這兩位創辦人擔任董事長和執行長來領導公司，一直到一九八七年惠利特退休、一九九三年普克德退休為止，時間一共長達五十五年之久。相對地，德州儀器從一九三〇年其前身「地球物理服務」創立至今，公司的創始人、董事長、執行長已經換了有十幾位之多。

---

* 編注：電腦網路拓樸（Computer Network Topology）是指由電腦組成的網路之間，包括中繼器、橋接器、路由器、閘道器等節點的排列與連結方式，關係到資料傳送的安全性與效率，可分為集中式拓樸與分散式拓樸。

雖然說兩家公司的價值觀差不多，但是價值觀來自於創辦人的信仰。惠普的兩位創辦人能夠領導公司超過半個世紀，自然根基穩固、文化強大。德州儀器在過去八十多年換了許許多多的領導人，雖說價值觀大致相同，也都一脈傳承，但是不同的領導人在個性上、作風上多多少少會有些差別，因此在文化的強弱上，或是影響力的大小來說，在當時，我覺得惠普遠遠強過德州儀器。

不幸的是，在世紀交替之際，惠普兩位創辦人先後辭世（普克德歿於一九九六年，惠利特歿於二〇〇一年），公司也起了巨大的變化：首先是儀器部門和電腦部門分家，前者成立了安捷倫公司（Agilent），電腦部門則承繼了惠普的名字。

惠普受人尊敬的特有文化，普克德先生把它叫做「惠普風範」（The HP Way）。當電腦和儀器部門分家的時候，惠普人就流傳一則笑話，說分家時，電腦部門拿了「惠普」（HP），儀器部門則帶走了「風範」（Way），所以如今要找原來的惠普文化，必須要到安捷倫去才找得到。隨後電腦和儀器又經過多次的分拆，今天的惠普連「五大價值觀」都被修改成為「七個價值觀」了。

至於德州儀器，總部則始終固守在德州達拉斯，經過幾次併購，如今顯得更加強大。以今天的情況來看，我倒覺得德州儀器的企業文化要比惠普公司來得堅實了。

超越國界的企業文化

堅強、統一的核心價值觀，可以規範一個企業的信念，凝聚員工強大的向心力。強大的企業文化，就如同社會的道德和輿論一樣，可以滴水穿石、潛移默化改變人的思想和行為。

當一家公司發展成跨國企業的時候，它的分支機構會遍布全球，當地員工則會來自不同的種族、社會、宗教、教育等，來自不同的文化背景。建立強大的企業文化，就能超越各種不同的文化，並影響全球各地不同背景的員工。如此一來，員工就能凝聚力量和信念，朝向共同的企業目標努力。這就是跨國企業能夠永續發展的一個關鍵。

在後面的文章中，我會闡述如何建立一個強而有力的企業文化。

13 文化差異如何影響企業融合

——惠普併購阿波羅電腦的故事

一九八九年底，我從香港的惠普亞洲區總部調到美國加州矽谷的惠普總部。就在我調任之前幾個月，惠普併購了有名的圖形工作站公司阿波羅電腦（Apollo Computer, Inc.）。

阿波羅電腦於一九八〇年在位於麻薩諸塞州（Massachusetts）、距離波士頓大約兩小時車程的全斯福（Chelmsford）成立，創辦人為約翰・威廉・波杜斯卡（John William Poduska Sr.，他也是之後Apollo PRISM電腦的發明者）。阿波羅電腦、Symbolics公司與昇陽電腦（Sun Microsystems）同為一九八〇年代圖形工作站的先驅業者，但是阿波羅的創立比昇陽電腦還早兩年。

在市場競爭越來越嚴峻的情況下，阿波羅電腦在一九八五年從外面挖來了曾經在通用電氣（GE，或稱奇異）、通用電信（GTE）等大型企業服務的湯馬士・凡德史利斯（Thomas Vanderslice）接任總裁及執行長。這位新執行長接手阿波羅電腦後，開始大幅刪減成本、重整規章制度，導致許多軟、硬體工程師紛紛求去，畢竟當時阿波羅電腦還是一家成立不到五年的年輕公司，因此公司的管理風格開始改變，價值觀和企業文化也發生了很大的變化。

在新執行長的強勢領導下，確實也看到一些成果。一九八六年，阿波羅電腦發展成為全球最大的網路聯網工作站製造商，該年下半年，它的季度營收超過一億美元。一九八六年底，阿波羅在工程用工作站的市場占有率，是第二名昇陽電腦的兩倍多。然而在一九八七年年底時，市場占有率卻落到第三，低於迪吉多電腦（Digital Equipment Corporation, DEC）及昇陽電腦，不過仍舊領先惠普及ＩＢＭ。

惠普併購阿波羅

工作站電腦產業的競爭，大約在一九八〇年代後半開始激烈化，主要是ＩＢＭ的個人電腦（包括相容機），開始侵入原屬於工作站業者的客戶群，因此也使得工作站的需求急速下降。阿波羅電腦的財務開始吃緊，分別於一九八七年和一九八八年產生巨額虧損，加上市場占有率雪崩式地滑落，終於導致在一九八九年六月被惠普以四．七六億美元併購。

一九九〇年春天，我代表惠普洲際總部（HP Intercontinental Region）由舊金山飛往波士頓，開了兩小時的車，到達了位於全斯福的阿波羅電腦總部。此行是來了解阿波羅電腦的情況，探討在亞洲地區與惠普的整合。

且不說美國企業和亞洲企業文化的不同，即使是美國本身的企業，東岸和西岸的企業文化也大不相同。

以電腦業來說，**IBM代表的是美國東岸的企業文化：管理嚴謹，組織階級嚴明**，某種程度上來說，比較像是歐洲企業。至於**美國西岸企業文化的代表，當然就是惠普了：人性化的管理，組織階級鬆散**，職位和職稱並不重要。員工之間，即使是執行長、董事長都是直呼其名，套句我們的常用語，就是「沒大沒小」。

但是這一趟美國東岸阿波羅總部的拜訪，卻讓我見識到了另外一種完全不同的價值觀和企業文化。

不一樣的企業文化

惠普的價值觀是尊重和信任員工、強調團隊合作，因此實行人性化管理，基本上是「目標管理」（Management by Objectives, MBO），輔以「走動式管理」（Management by Wandering Around, MBWA）和「門戶開放政策」（Open Door Policy）。*

惠普在辦公室的設計上，全部採用開放式的大空間，不管職位高或低都坐在一起，以方便團隊成員之間溝通；但是，為了反映對人的尊重，仍然給予每個人一點私密空間，因此都以一米多高的隔板，隔出每個人的小辦公範圍。

阿波羅電腦的價值觀則是「物競天擇」，競爭才能生存。競爭不僅止於外部競爭，企業內部競爭也是價值觀的一部分。團隊之間彼此競爭，團隊內部成員之間也必須要

* 編注：關於目標管理、走動式管理與門戶開放政策，可參考作者前作《創客創業導師程天縱的經營學》第二章〈從「大歷史觀」看企業管理的思維與藥方〉，有詳細的說明。

競爭。

這也解釋了阿波羅和惠普在全球整合上為什麼出現了很多的麻煩，因為對於阿波羅的客戶而言，過去都有阿波羅業務團隊為了得到訂單，而不惜成本過度承諾的經驗。而這些承諾事項之中，如果有尚未完成甚至根本無法做到的，都必須由惠普團隊來承擔。

內部競爭的極致

這種鼓勵內部競爭的企業文化也反映在辦公室的設計上。當我踏入阿波羅總部大樓的時候，就感覺到整個氣氛跟惠普非常不一樣。走進阿波羅總部的辦公區域，就像走進了KTV一樣，沒有開放空間的辦公室，到處都是像迷宮般一條一條的走廊。有幾次會議休息的時候，我去了一趟洗手間，回來就找不到會議室了。

因為內部競爭的原因，左鄰右舍都是你的競爭對手或敵人。想想看，在巨大的總部辦公大樓裡，每一個人都有自己的小房間辦公室，每一個辦公室都是實體隔間，還不是玻璃的，因此沒有窗戶。辦公室裡就是辦公桌、書櫃、電腦，**離開辦公室要做的第一件**

事，就是把門鎖上。

習慣開放、明亮、大空間辦公室的惠普員工們，對這種辦公室設計非常不習慣。我光是在那邊開了兩天會，心理上就覺得非常壓抑。

惠普的特殊文化和影響

惠普併購阿波羅電腦的主要目的有兩個：

一、阿波羅有業界領先的工作站軟、硬體技術和人才；

二、快速增加惠普在工作站的市場占有率。

可是，整合技術和人才談何容易？我剛進入惠普的時候就聽過「惠普的研發和技術部門有兩種特殊文化」的說法。

第一種叫做「不是在這裡發明的」（Not Invented Here, NIH）。原本的意思是說，只要在企業內部能夠自己發明創造的技術，就不要外求於人。一來因為外面的技術比較不容易掌控，會受制於人，二來則是必須付授權費或採購成本。但是這種文化後來演變為「只要不是在惠普內部研發出來的技術或產品，就是不好的」，這當然也是技術本位的一種文化，中國有句老話叫做「文人相輕」，其實研發技術人員也是彼此相輕的。

第二種叫做「隔壁座位症候群」（Next Bench Syndrome）。意思是說，惠普的工程師習慣於為隔壁座位的工程師設計產品：只要旁邊的研發工程師也認為是好的技術和產品，就可以賣給所有的客戶。不要忘了，惠普最早是以電子測試儀器起家的公司，他們的客戶和用戶，大部分也都是搞技術的工程師。因此這個文化確實也幫早期的惠普奠定了成功基礎。但是進入電腦產業，尤其是個人電腦和印表機之後，這種文化就變成了一種障礙，容易讓工程師們躲在象牙塔裡閉門造車。

由於這兩種研發文化的影響，在惠普併購阿波羅之後的兩、三年裡，惠普工作站事業部門對於技術和人才的整合，並不是很積極、很系統化地在進行。

此外，再加上惠普和阿波羅兩種截然不同的企業文化，造成了阿波羅在併購後的第一年，就流失了整整一半的人；第二年，又走了剩下另外一半的人。這種嚴重的狀況，逼得惠普只好在一九九二年對阿波羅進行組織重整。

雖然阿波羅的軟、硬體技術，確實被應用到惠普HP9000系列的工作站產品裡，但隨著阿波羅人才的流失，惠普的工作站系列產品和阿波羅這個品牌也在一九九〇到一九九六年之間逐步消失了。

更深層的心態差異

我在阿波羅總部拜訪的期間，曾經和對方一位高層私下閑聊。我問他為什麼在惠普併購之後，阿波羅的人會快速流失？而他的回答則是他也打算在短時間內離開。他說，惠普在併購阿波羅之後，總部派來接管的是一位比他們年輕、職位也不高的主管。而且，這位主管的年薪居然連他的一半都不到。想想看，即使他繼續留在阿波羅，還能有什麼前途呢？

這就是兩種不同企業文化造成的結果：惠普價值觀強調對員工的信任與尊重、強調團隊合作，所有的成果都是團隊創造的。團隊成員之間雖然績效有差異，但是薪水差異不會太大。而阿波羅的價值觀，則是競爭才能生存、競爭勝利者都是英雄，這也是美國的價值觀。大部分的美國電影都是英雄的故事，因此「成王敗寇」的現象自然就反映在薪水上。能夠在阿波羅生存下來，並且爬到高層的位置，他們的薪水一定比惠普高層要多很多。我後來想想，惠普的文化確實有點像社會主義制度：非常強調平等、公平、團隊、合作。

效率與價值觀

團隊做決定的方式不外乎下列幾種：多數決、少數決，或是獨裁，這些都是大家熟悉的。但早期惠普採用的是「一致決」（Consensus），這也是源於惠普價值觀的自然結果。所謂「一致決」就是團隊的決定要盡量做到每個人都同意。

在惠普早期起家的時候，主要的產品是測量測試儀器，當時的組織都是以小的工廠或事業部門為主，只要工廠或事業部門超過兩千人，就分拆為兩個。這種價值觀和企業文化非常適合當時的惠普。

但是自從八〇年代惠普大規模、快速地進入電腦業以後，尤其是個人電腦和印表機直接帶領惠普進入消費產品市場，這種價值觀和文化就跟不上科技和競爭的腳步了。它**讓惠普的決策速度遠比競爭者慢，對於市場需求的變化也反應不及**。

後來惠普將儀器部門分拆出去成立安捷倫，也是經過了很長時間的內部討論才做出來的決定。

企業的價值觀和文化非常的重要，對於企業所從事的產業以及所採用的技術和產品，也都會發生重大的影響。作為親身參與者的我，對於惠普併購阿波羅這件事情有著更深一層的體會。對跨國公司來說，任何併購都是非常昂貴的，但是併購之前有沒有考慮到併購對象的企業文化，並且做好各種溝通和融合的準備，往往正是併購成功或失敗的主要關鍵。

14 坦誠、尊重、妥協
——聯想併購IBM個人電腦部門的成功案例

前一篇文章談到惠普不成功的併購案例，其中主要原因之一是企業文化無法融合，以至於造成人才的流失。在這篇文章中，想要談談的是另外一個案例：中國聯想電腦併購IBM個人電腦。而這個案例的成功關鍵之一，也正是由於企業文化的完美融合。

二十一世紀IT產業的重大新聞

二〇〇四年十二月八日，中國最大的個人電腦廠商聯想集團在北京宣布，已與美國電腦巨擘IBM正式簽約，聯想將以一七．五億美元收購IBM全球的桌上型與筆記型電腦事業部門，以及相關的研發和採購業務。

在聯想集團正式完成收購之後，聯想原ＣＥＯ楊元慶接任原ＩＢＭ個人電腦部門董事長一職，新的ＣＥＯ將由ＩＢＭ個人系統集團副總裁史提夫．沃德（Steve Ward）接任，老帥柳傳志徹底退隱幕後。聯想集團則把個人電腦業務總部設在美國紐約。

沃德表示，聯想在完成收購之後，員工將達到兩萬人左右，其中包括ＩＢＭ原有的個人電腦業務有員工約一萬人。ＩＢＭ則表示，聯想在合併之後，全球的個人電腦市場占有率將達到八％，直接躋身全球第三大個人電腦製造商，僅次於戴爾公司（Dell）和惠普公司。

聯想除了擴大在中國市場的領先優勢外，勢必對戴爾和惠普的歐洲市場構成壓力。但戴爾、惠普對聯想集團收購ＩＢＭ個人電腦部門一事並不以為然。戴爾創辦人麥克．戴爾（Michael Dell）表示，聯想與ＩＢＭ的組合最後不太可能會成功，他說：「我們何時見到電腦產業成功購併或收購？已經很久很久沒有出現了。」惠普則視ＩＢＭ退出個人電腦市場為爭取客戶的良機。惠普個人電腦事業部門主管杜安．季特納（Duane Zitzner）表示，ＩＢＭ在出售個人電腦事業部門的初期，恐將出現混亂狀況，惠普得以趁虛而入，搶奪ＩＢＭ個人電腦的歐美市場。

總而言之，當時在惠普和戴爾兩家公司的眼裡，來自中國的品牌「聯想」還算不上是個值得注意的競爭對手。

併購案的緣起

一九九七年到二〇〇〇年，聯想個人電腦一直是中國大陸市場銷量第一的品牌，接下來聯想要做大，就只有「產品多元化」或是「市場國際化」兩個選擇。結果，該公司在二〇〇〇年時確定了以「多元化」戰略為主，積極利用聯想個人電腦品牌和通路，搶攻中國大陸正在高速成長的手機市場。從二〇〇〇年開始，聯想一直有一個手機品牌的夢想，但畢竟手機和個人電腦是不一樣的產品，聯想想要靠著成功個人電腦品牌和通路經驗來打入手機市場，經過三年的努力，結果仍然十分令人失望。

藉由併購IBM個人電腦成功國際化，聯想在二〇〇八年將負責手機業務的「聯想移動」分拆出去，成為一家獨立公司。但是隨著大陸3G手機的積極推廣，聯想集團在二〇〇九年又將「聯想移動」收購回來。二〇一五年，由於禁不起連年虧損，聯想手機部門正式併入收購進來的摩托羅拉（Motorola）品牌之下。至此，聯想的手機品牌正式走入歷史，不過這不是本篇文章討論的重點。

言歸正傳，回頭談談ＩＢＭ。一九九三年，ＩＢＭ開始以「為客戶提供全套軟、硬體設計解決方案」為主要策略，此後，ＩＢＭ把重點越來越放在「為企業提供諮詢與軟體服務」上，並且陸續放棄了利潤貢獻率逐漸降低或不符合策略重點的業務。

事實上，ＩＢＭ在二〇〇〇年已經就出售個人電腦業務一事跟聯想聯繫過，但當時聯想決定採取多元化策略，因此沒有予以考慮。二〇〇三年，ＩＢＭ正式聘請美林證券公司（Merrill Lynch）在全球尋找個人電腦業務買家，當年十月前後，美林將聯想排到了目標收購者的第一位。

二〇〇三年，聯想由於在手機市場失利，只好又回到老路，將「專注於個人電腦」定為公司產品發展方向，同時聚焦在「市場國際化」。這時ＩＢＭ找到了聯想，正好提供了聯想一個快速解決問題的方案。透過這個併購案，聯想可以得到國際化需要的大量人才、品牌、研發能力、完整的通路和供應鏈，比這些更重要的是「時間」：一下子就省了十年奮鬥。

十年成功的併購案例

讓戴爾和惠普看走眼，眼鏡也掉了一地，聯想的這個併購案非常成功，成為許多ＭＢＡ課程探討的案例。

聯想於二〇〇五年併購ＩＢＭ個人電腦業務時，是全球第九大的個人電腦公司，僅有二．三％的市占率，以及三十億美元的年營收；然而該公司在接下來十年內迅速成長，並在二〇一五年竄升為全球最大的個人電腦公司，並且擁有二〇％的全球市占率。在營收成長方面，更獲得了高達十三倍的成長，以及高達三百九十億美元的年營收。

與ＩＢＭ個人電腦業務的成功整合，對聯想的幫助功不可沒，讓聯想的個人電腦產品線擴展得更加全面，進而發展為個人電腦事業、行動裝置事業以及企業級業務等三大深具全球規模性的成長引擎。多元且完整的產品線，是其他競爭對手所望塵莫及的。繼與ＩＢＭ個人電腦業務整合後，楊元慶也陸續完成其他八項不同的業務整合工作，帶領聯想走向更高成長及更高獲利的市場。

成功需要做對很多件事情，但是失敗只要做錯一件事情。網路上面有許多討論聯想併購ＩＢＭ個人電腦成功的文章，品牌、通路、團隊方面就不多提了，這裡只從我個人的參與和了解，在價值觀和企業文化的部分提出自己的看法和各位朋友分享。

「貿工技」的聯想計算機

中國大陸ＩＴ產業的發展，離不開兩家標竿企業，我先從這兩家個人電腦龍頭企業的介紹與比較談起。第一個當然就是中科院柳傳志創立的聯想電腦。

一九四四年四月出生於江蘇鎮江的柳傳志，一九六六年畢業於西安軍事電訊工程學院（現西安電子科技大學前身），後曾在中國國防科工委十院四所和中國科學院計算技術研究所從事科學研究工作。一九八四年，柳傳志看準中國大陸改革開放以後的市場機會，聯合了中科院有志一同的同事共十一人，並由中科院計算所投資二十萬元人民幣，在北京創辦「中國科學院計算技術研究所新技術發展公司」，親自擔任總經理和總裁。公司於一九八九年更名為「北京聯想計算機集團公司」。

聯想早期的策略是「貿工技」，也就是依據先後順序，先尋求國外名牌的代理，建立起通路和銷售能力，以務實的心態先賺到第一桶金之後，再投資在生產製造上，最後達到自行研發銷售聯想自主品牌的產品。

「技工貿」的長城計算機

另一家重要的公司，則是一九八六年中國電子部將原電子部計算機局獨立出來所成立的「中國計算機發展公司」，並由當時計算機局副局長王之下海擔任總經理兼黨委書記。之後在一九八八年更名為「中國長城計算機集團公司」。

生於一九四二年五月二十六日的王之是湖南瀏陽人，父親是原新疆省委書記王震將軍。王之是軍工導彈工程系八期畢業生、高級工程師，是享受國家級政府特殊津貼專家。王之歷任電子工業部計算機工業管理局副局長、長城計算機集團公司董事長等職位。

一九八四年，王之帶領的科研攻關小組（長城計算機公司的前身），在北京散熱器廠的地下室裡埋頭苦幹，終於研發出第一台中國國產的「長城 0520-CH」電子計算機。

王之是一個科研技術導向的政府官員，由於成功開發出中國第一台個人電腦，因而下海組建長城計算機集團。也因為這樣的背景，他採用的策略與聯想正好相反，是以「技工貿」的優先順序來發展長城計算機公司。

從一九八六到一九九六年的十年之中，王之帶領全體員工將長城集團從一個只有三百萬債權的小型企業，發展成為大陸著名高科技企業集團，擁有全資子公司八家、控股公司十四家、參股公司十一家、上市公司四家。

但是跟以「貿工技」策略發展並且在二〇〇五年併購ＩＢＭ個人電腦進行國際化的聯想相較之下，長城計算機仍然略遜一籌，尤其在個人電腦進入成熟衰退期之後，經營越來越困難，由於無法形成規模，反而被邊緣化，並且與聯想的差距越來越大。企業發展策略之重要，由此可見一斑。

最後，長城計算機集團在二〇〇四年被併入「中國電子信息產業集團公司」。在重組之後，中國長城計算機集團公司被撤銷。二〇〇四年，王之卸任長城集團董事長，以六十二歲之齡退休。

由於長城計算機是由原電子部計算機局獨立出來、在深圳成立的國有企業，所以脫離不了「民族企業計畫經濟」的思維模式，也因為如此，長城計算機的文化仍然是標準的國有企業心態：一心想要「科技救國」，卻又離不開政府的政策和支持。

聯想的「美國西岸文化」

聯想在初創階段，就認清了中國IT產業和國際相比仍有一大段差距的事實，因此不願意土法練鋼、閉門造車，而是先尋求外國名牌在中國的銷售代理權，建立在中國大陸的銷售通路，也透過工程支援和維修代理的產品，先行深入了解國外先進產品的研發設計和生產製造。基於這樣的策略考量，聯想選中了惠普的個人電腦和印表機產品作為他們的代理產品，與中國惠普在大陸市場展開了密切合作。我在一九九二年一月，由美國矽谷派駐到中國北京擔任中國惠普第三任總裁，當時就是由楊元慶帶領著一組銷售團隊，代理銷售惠普的個人電腦和印表機。

為了幫助聯想銷售團隊快速占領中國市場，我親自操刀為楊元慶的這組銷售團隊開課培訓，除了具體講解通路、市場、銷售的技巧以外，我也為聯想的高層講授惠普的管理課程。聯想的創辦人柳傳志先生、負責惠普業務的楊元慶，以及後來負責神州數碼的郭為，和其他聯想的高階主管，都參加了我為他們舉辦的管理培訓課程。因此，聯想的價值觀和企業文化可以說是深深受到了惠普的影響。

創業之初，聯想就非常重視打造紮實的管理系統，企業文化也以「誠信、平等、規範」作為基礎。為了建立正確的商業道德標準、杜絕腐敗，聯想很早就制定「四大天條」：不利用工作之便牟取私利、不收受紅包、不從事副業，以及薪資保密，後來又擴充了一條：不洩漏公司機密。從一九九〇年開始，聯想就參照惠普和其他國際企業管理的概念，在策略、營運、人事、財務等各方面，全面建立專業化的流程制度。做事都講規章制度這一點，在當時的中國企業是比較少見的。

另外，在對人的信任與尊重，以及營造平等的環境方面，就如同惠普公司，聯想也是從人與人之間直呼其名開始的。最早的時候，為了改變稱呼，所有聯想總裁室的成員都在胸前佩戴一張胸卡，上面寫著「請叫我某某」，每天早上楊元慶站在公司門口迎接員工們上班，員工進門後一個個跟他們握手時，得先喊一聲「元慶」，而不得稱呼「楊總」，這樣才能進去，不然楊元慶就握著員工的手不放。楊元慶曾經在一次媒體訪問中說：「當時看來不算什麼，但在併購ＩＢＭ後，當中外同事彼此Tom啊、Peter啊叫得很親熱的時候，我們才發現當初痛苦卻有趣的事情，做得是多麼值得。」曾經有媒體這麼評價聯想，說他們是中國企業裡，管理文化最接近西方企業的一家。事實上，如果沒有和西方企業接近的管理文化，即使有這個資金實力，也不可能成功收購ＩＢＭ的個人電腦業務，更談不上去管理和整合他們了。

謙卑、謙卑、再謙卑

文化的差異往往是併購失敗的關鍵，而文化的差異又是來自於價值觀的不同，甚至造成許多優秀人才離開被併購的企業。此正所謂「道不同，不相為謀」，而這裡所說的「道」，就是價值觀。「強者與強者結合」的綜效，主要來自於併購雙方的長短處互補，而不是併購方以征服者的心態來駕馭被併購方。「成王敗寇」的心態往往無助於雙方的融合，反而可能加速擴大雙方文化的差異，導致失敗的結果。

在決定併購案的二〇〇四年底，聯想也才不過是一家二十歲的年輕公司。雖然從代理惠普產品之後，公司上下一致努力，學習和引進以惠普為代表的美國西岸矽谷文化，但究竟時間不夠長，所以這樣的價值觀和企業文化還沒有深深紮根。

反觀ＩＢＭ，其實際創始人湯瑪斯・華生（Thomas Watson）的先人，在十九世紀中葉因為愛爾蘭大饑荒而移民美國。華生一開始是先加入國民收銀機公司（National Cash Register，另譯安訊公司）當業務員，成績優秀，但後來國民收銀機公司的老闆因為與華生不和，而要求他離開。

於是華生改加入計算列表紀錄公司（Computing Tabulating Recording，於一九一一年創立），這家公司銷售的機器可以分配資料卡並列印統計表，主要客戶是美國人口普查局（United States Census Bureau）。華生借了許多錢發展公司，採用將機器出租的新銷售手法，自己也借了很多錢買自家公司的股票。在取得經營權之後，華生在一九二四年將計算列表紀錄公司改名為ＩＢＭ，一家偉大的公司於焉誕生。

二〇〇八年，ＩＢＭ年度營收首度突破一千億美元。ＩＢＭ作為電腦產業的長期領導者，在大型主機、小型電腦和ThinkPad筆記型電腦方面的成就最受矚目。該公司創立的個人電腦標準，至今仍不斷地被沿用和發展。

在二〇〇五年出售個人電腦事業部給聯想的時候，IBM已經是一家接近百年的老企業。百年來形成的價值觀與企業文化，讓IBM的員工一站出來，就很容易突顯出IBM人的風格：從衣著、談吐、思維模式到行事風格都與業界不同，也是業界積極學習的對象。

對於這件併購案，業界都以「蛇吞象」來比喻，一家二十歲的年輕中國公司，居然會併購有百年歷史、強烈文化的IT標竿公司，實在不簡單。

聯想的柳傳志和楊元慶早期受到惠普文化的薰陶，深深知道這個併購案件最具挑戰的部分就是文化融合。惠普以人為本的價值觀，強調團隊合作和融合的文化，也讓聯想認清了自己的不足，而更能尊重IBM的文化歷史和傳承。為了實現併購後的有效整合，聯想對整合採取的策略是抱著謙虛、尊重的態度，來觀察、研究、學習IBM的長處，採用雙品牌、雙市場戰術來保持過渡期的穩定，不急於做任何重大的改變。

對於併購初期的整合，聯想引入了「融合」的概念，而做法的核心，則是反過來「把聯想融入由IBM主導的全球個人電腦商業體系之中」。對於這方面的任務，聯想還確定了「坦誠、尊重、妥協」的整合原則。柳傳志解釋過，如果在整合過程中發生衝突，首要的就是「妥協」、搞清楚什麼是最重要的事情，雙方再慢慢騰出時間來解決。

聯想這種迥異於一般併購案件往往是「以征服者心態來凌駕被征服者」，以謙虛、尊重、學習促進雙方融合的做法，反而成為這次「蛇吞象」成功的重要因素。

培養全球化接班人

談到這裡，就必須介紹一下楊元慶。楊元慶原籍寧波定海縣，出生於安徽合肥。一九八二年考入上海交通大學計算機系，一九八六年畢業。一九八九年在中國科學技術大學取得碩士學位，畢業後隨即進入聯想集團工作。楊元慶一九九四年任聯想電腦公司總經理，二〇〇一年出任聯想集團總裁兼CEO，二〇〇四年十二月八日，接替退休的柳傳志出任聯想集團董事局主席。二〇〇九年二月五日，聯想集團宣布創始人兼董事柳傳志將重新擔任公司董事局主席，時任董事局主席楊元慶接替威廉·亞梅利奧（William Amelio）擔任公司CEO。

在二〇〇四年底聯想宣布併購IBM個人電腦全球業務以後，楊元慶找我做了一次深談。他問我：「在這個併購案裡面，聯想最大的挑戰是什麼？」我告訴他，在以往ＩＴ產業或高科技電子產業的併購案中，大部分案例都是大吃小或老吃少，所以都是強文化併吞了弱文化。而今天聯想的併購案，是弱文化併掉強文化，業界稱之為「蛇吞象」的案例。

我建議楊元慶，初期必須要尊敬、了解、學習ＩＢＭ的百年文化，不要嘗試激進融合兩個企業，反而應該讓ＩＢＭ維持原來的獨立運作。但必須立刻著手進行ＩＴ系統、供應鏈、後台資源的整合，以期在降低成本方面立竿見影。因為沒有任何方法會比「轉虧為盈」更能激勵士氣。最好的策略，當然是楊元慶進駐美國ＩＢＭ個人電腦總部，深入了解ＩＢＭ權力運作的模式，同時融入ＩＢＭ的企業文化，然後從內部發起行動來融合ＩＢＭ。

但是，楊元慶在當時作為聯想集團的ＣＥＯ，由他同時負責整個合併後的全球營運並不切實際。既然當時聯想的策略是國際化，那麼最好繼續讓ＩＢＭ個人電腦事業部的ＣＥＯ，也就是沃德，繼續擔任合併後的ＣＥＯ。這樣一來，只有委屈柳傳志將董事長位子讓出來給楊元慶，本人則以退休的名義退居二線。

於是，楊元慶以集團董事局主席的名義，遠赴美國紐約到新的聯想個人電腦事業總部就任。在紐約居住和工作的這三年裡，楊元慶成功轉型成為一個全球化企業的CEO，於是才有了二〇〇九年二月柳傳志復出擔任聯想集團董事局主席，而楊元慶接任原來的老美亞梅利奧成為集團CEO這齣《二進宮》*戲碼。

總結

聯想成功併購IBM個人電腦的這個案例，從價值觀和文化的角度來分析，我認為有這三個原因：

一、聯想和惠普在代理階段的合作，奠定了聯想類似矽谷文化的基礎，降低了後來與IBM文化融合的難度。

* 編注：《二進宮》為京劇名，虛構明朝初期一起宮廷鬥爭事件，定國公徐延昭與兵部侍郎楊波兩次進宮諫言李豔妃，成功保住朝綱的故事。後來引伸為「同樣的事情重複做兩次」之意。

二、聯想採取謙虛和尊重的態度，將「弱文化併強文化」的劣勢轉換為優勢，反而順利地融合兩家企業的文化。

三、柳傳志和楊元慶採取「以退為進」的策略，讓原來IBM個人電腦事業部副總裁擔任新聯想的CEO，以保證並安撫IBM個人電腦團隊，並且順利讓楊元慶搬到紐約、融入IBM文化，從內部建立起威信和領導魅力，成功轉型為一個全球化企業的CEO。

15 如何建立強而有力的企業文化？

企業制勝的三個因素

在過去四十年的專業經理人生涯裡，我總結出一個道理：企業要能夠發展壯大、基業長青，必須同時做好三件事：策略、管理、核心價值觀和企業文化。這三件事的優先次序和重要性，又和企業生命週期的不同階段有著密切關係。

在企業的「誕生期」中，最重要的是各種「策略」的選擇和執行；進入高速「成長期」之後，最重要的是「管理」；至於在進入「成熟期」之後，對企業最重要的則是「核心價值觀和企業文化」的建立。

在企業進入成熟期之後，如果這三件重要的事情之一出了問題，都會導致企業加速進入衰退，甚至提早滅亡。

企業文化的建立

在我過去幾年輔導初創團隊、微型、小型或中大型企業的過程中，或是在公開演講時，都會被問到「如何建立強而有力的企業文化？」以下就是我對這個問題的一些看法。

▼初創階段

首先談談初創企業。我輔導過許多初創團隊，在不到二十人時就面臨如何管理、如何建立價值觀，以及如何建立企業文化之類的問題。在深入了解之後，我發現他們問題的原因都相當類似：這些初創團隊的組成，都沒有按照我所說的**「三個互補、一個共同」**原則*去建立，所以才會產生這些困惑。

以台灣經濟部的定義，成立五年以內的公司，都屬於初創公司。在創立初期，團隊人數從數人到數十人的時候，都不那麼需要管理，也不太需要考慮核心價值觀和企業文化的建立。這個時候最重要的是各種策略的選擇和執行，例如目標市場、客戶、用戶的認定、需求和痛點的挖掘、產品和技術的開發、品牌和通路的選擇等。

如果團隊在這個階段面臨了管理問題，那麼主要的原因就是選錯了團隊成員。在這個階段，團隊成員都應該有自己的專業，能夠獨立作戰，不太需要管理。就如同在「三師」行業裡——會計師事務所、律師事務所、醫院或診所——都看不到龐大的金字塔型管理組織架構。雖然這些行業也需要團隊的領導，但是管理幅度可以非常的大，因此組織都非常扁平，成員也不需要深入細節的管理。在這個階段，創業家必須要身體力行，直接領導每一個團隊成員。他的信仰和理念就是這個初創團隊的「核心價值觀」。他不必把自己的信仰理念寫成文字和口號貼在牆上，他的決策模式、一言一行就是形成企業文化的基礎。

＊編注：「三個互補」為技能或功能互補、個性互補、資源互補；「一個共同」指相同的價值觀和願景。可參閱作者前作第九章〈「團隊」和「組織」：新創企業的第一個成敗關鍵〉。

▼成熟階段

在企業創立五年之後，基本上已經可以確保生存，進入一個穩定成熟發展的時期。這個時候，依照產業的特性和企業本身的發展速度，不管是中小企業或中大型企業，都面臨「如何建立核心價值觀」和「強大企業文化」的困擾。

雖然隨著企業宗旨（Mission）和企業願景的流行，每一個企業基本上都選擇了各自認為適合自己的核心價值觀；但是組織裡面的文化，仍然有著各種各樣的問題，員工似乎也不見得會照著企業主挑選的核心價值觀去執行工作。

雖然坊間有許多談論核心價值觀和企業文化的書籍可以參考，但是大部分都只是舉出一些成功企業的案例和理論，而缺乏一些可供效法的SOP或路徑圖，以便讓自己的企業一步一步地去執行。

洋蔥圈模型

關於洋蔥圈模型的詳細討論，請參考前面〈核心價值觀與企業文化〉一文。

一九九七年十月，我離開了服務二十年的惠普公司，加入德州儀器擔任亞洲區總裁。在達拉斯總部短短六個月的培訓和磨合期之後，我回到了亞洲，走馬上任開展工作。

在一次短期出差後，我依規定報銷了我的差旅費用，卻被財務部門退件。雖然我貴為跨國公司的亞洲區總裁，但我的下屬財務部門仍然依照公司規定，毫不留情面地把我的差旅報銷申請退回來。依照當地人事部門訂定的出差管理辦法，員工出差時間在四天（含）以下時，不得報銷洗衣費用。而我這次的出差行程正好是四天，因此不得報銷洗衣費用。

基於好奇心，我就找人事部門的主管了解一下這項規定的起因。原來是這樣的：多年以前，有位員工在出差的時候，順便把家裡的一些貴重皮衣、大衣一起帶著出差，利用住在飯店的時候送去乾洗，產生了巨額的洗衣費用。為了防止這種員工占公司便宜的事情再度發生，因此有了這項差旅規定。而由於公司原有的差旅規定之中，並沒有禁止員工報銷洗衣費用，因此當事人並沒有受到指責或懲處。

對於這個案例，我有三個觀點可以和大家分享：

一、對於當事人的處理，以一個「以人為本」的企業來說，應該遵照「獎勵從寬、處罰從嚴」的認定標準。雖然不必懲處案例中這位當事人，但是應該要教導這位員工公司核心價值觀中的「商業道德」和「行為規範」。

二、至於人事部門在修訂出差規定之後，規定「出差四天以下不得報銷洗衣費」，就是標準的「打補釘」（可參閱本書〈從根源解決問題，不要只「打補釘」〉一文）。

三、本篇文章的重點：「如何建立強而有力的企業文化？」

核心價值觀是企業文化的基礎，但是企業文化的強弱與否，並不是決定在核心價值觀的選擇上。我在前面的文章裡多次提到：一個企業的核心價值觀，通常就是企業創始人的信仰和理念。

雖然在全球化的趨勢下，出現許多普世價值觀，但落實到每一個人身上時，仍然會有許多差異出現。創業家通常都會希望企業往好的方向發展壯大，而好的信仰和理念是沒有強弱之分的。企業文化的強弱（可參閱本書〈談談惠普和德儀的企業文化差異〉一文），除了決定於創始人在位時間長短，因而影響企業的深遠程度以外，更重要的是決定企業文化的洋蔥圈模型，由裡到外是否一致。

洋蔥圈模型的最內層是「核心價值觀」，依次往外是「願景與策略」、「目標與管理」，以及「決策與行為」。

員工的眼睛是雪亮的，他們只相信自己所看到的，而他們天天看到的是最外層、同事和主管們的「決策與行為」模式。接著他們切身感受到的是第三層「目標與管理」，而人事部門訂定的出差管理辦法就落在這一層。至於第二層的「願景與策略」和核心層的「核心價值觀」，對公司裡的員工來講都距離太遙遠了，很難有切身的體驗。

以這個差旅洗衣費報銷的案例來看，企業的價值觀強調「以人為本」、尊重和信任員工，但落在第三層的出差管理辦法中所規定的，卻是對員工的不尊重和不信任。

許多企業飽受困擾的企業文化問題，就出在這個洋蔥圈模型從裡到外並不一致。於是核心價值觀成為貼在牆上的口號，企業的願景和策略也跟價值觀無關，公司的各種管理辦法、主管們的言行當然也不會和價值觀一致。這樣的企業怎麼可能有一個被所有員工相信而且強而有力的企業文化？

對於被企業文化困擾的企業經營者們，我建議各位回到自己的企業內部，依照洋蔥圈模型檢視一下由內到外的每一層是否一致。如果不是的話，趕快採取行動做一些改變和調整，否則企業文化是不會改變的。

16 基層主管也能用洋蔥圈模型改變企業

在連續多篇談核心價值觀和企業文化的文章之後，有許多朋友問：「雖然文章中舉了很多例子，但是大部分是從企業經營管理階層的觀點來談論，如果身為企業低階部門主管，又該怎麼做呢？」說到這一點，還是得回到我先前提過的企業文化洋蔥圈模型。

「核心價值觀」是由企業的創辦人訂定的；由內往外的第二層「策略與願景」也是高階經營層訂定的；至於第三層的「目標與管理」，低階部門主

企業文化的架構

管也只能提建議，然後遵從規章制度，能做的事情確實不多。

在這裡，我給擔任低階部門主管的朋友們兩個建議，這兩個建議都和洋蔥圈模型的最外層「決策與行為」有關係，因為這是低階部門主管最能夠發揮影響力的地方，也是企業文化的成敗關鍵。

腦力激盪會議

在大企業裡，分工是非常細的，因此低階部門的專業和功能都不盡相同，許多牽涉到最外層「決策與行為」的實際情況也都不一樣。

首先，我建議在部門中召開讀書會，把我發表過關於核心價值觀與企業文化的文章都閱讀過，然後分享讀書心得，務必讓每個人都對洋蔥圈模型有徹底的了解。接下來，請將您所屬企業訂定的核心價值觀，不管什麼內容、不管有多少條，都拿出來仔細討論。這個部分的重點，在於讓每個人都了解這些核心價值觀的意義是什麼。

接下來就是腦力激盪的部分了。

請將本部門之中經常發生而且可以強化核心價值觀的決策與行為一一列舉出來，並依重要程度強迫排序。依據每個價值觀分別列舉三到五條經常在部門裡會出現的決策和行為。然後，討論有哪些決策與行為是過去在部門裡經常發生，但是會弱化甚至摧毀公司制定的核心價值觀。同樣地，針對每個價值觀列舉三到五條行為。

將以上經由部門腦力激盪法列舉出來的「強化行為」和「弱化行為」書寫成大字報，張貼在部門辦公區明顯的牆上，提醒部門員工必須經常注意。這樣做的目的在於鼓勵部門員工多做強化核心價值觀的行為，同時避免弱化核心價值觀的行為出現。

由於基層部門的專業與功能都不盡相同，因此列舉出來的這些行為，應該跟部門緊密相關，應該是該部門每天工作都會碰到，或是都會進行的相關行為。

化解衝突的方法

作為基層部門的主管，必須能應用各種管理技巧，也必須要能在主持部門會議時或在日常工作中解決各種衝突。每當會議中有衝突發生，在雙方或多方僵持不下的時候，我就會把核心價值觀拿出來宣讀一遍，一方面讓大家冷靜下來，二方面回到核心價值觀存在的主要目的，讓大家思考。

當我在惠普公司服務的時候，很榮幸有機會跟兩位創辦人之一的普克德先生請教過「企業制定核心價值觀的目的是什麼」。普克德先生告訴我，核心價值觀並不全然是為了完成公司的商業目標或完成公司交代的任務而訂定的指導原則。核心價值觀的主要用意在於告訴和提醒公司所有同仁：「我們希望在一個追求這些核心價值的公司服務。藉由實現這些價值觀，能令我們感到驕傲。」

公司或部門內部的衝突，大部分起因於對業績目標和工作任務的不同想法與做法，而我們不應該讓這些短期的衝突對公司長期的核心價值觀帶來影響，甚至破壞。

結論

員工的眼睛是雪亮的，他們只相信他們看到的洋蔥圈最外層，而不是貼在牆上的口號。同樣地，老闆的眼睛也是雪亮的，如果各位朋友能依照我建議的兩個方法去實施，部門員工的行為必然會改變，績效也一定會改善。

通用電器公司的前董事長傑克．威爾許（Jack Welch）在他的自傳中說過，能夠完成任務並且相信核心價值觀的員工，必定會得到提升與重用。你的努力與成果，老闆一定看得到。

17 從東、西方企業文化的差異，看個人職涯的發展方向

二〇一七年八月二十九日，我在臉書上發表貼文，談核心價值觀和企業文化的重要性。在這篇貼文裡，我是這麼說的：

上班族也好，專業經理人也好，或是企業的老闆，都需要了解核心價值觀和企業文化。這件事多重要？在此引用前GE總裁Jack Welch書中所說的一段話來說明「企業員工個人能力與企業價值觀之間的關係」。

企業的員工可以分成四類：

一、能夠圓滿完成任務，做法上又認同企業價值觀的人，將會得到提升。

二、無法完成交辦的任務，但是在做法上認同企業價值觀的人，將會得到第二次機會。

三、既無法完成任務，又不認同企業價值觀的人，很容易對付。

四、最難的是，如何對付那些經常圓滿達成任務，在做法上卻不認同企業價值觀的人，我們嘗試著說服他們，與他們搏鬥，為他們而痛苦。

西方企業文化的視角看員工

我用下頁圖來闡述這四種員工，並以箭頭表示，如果在某個象限的員工能夠自覺，而且成功受到企業文化的影響，就會向哪個象限移動。

在西方講究人權、平等的大環境下，有核心價值觀和強烈企業文化的企業，員工傾向往右上角移動，也就是成為自主能力強而且認同企業價值觀的員工。

在這篇文章發布之後，有些臉書朋友私下告訴我，在他們服務的企業裡並不完全像威爾許說的這麼簡單，也不像他所說的「依據能力和價值觀來判斷員工在企業內的發展」。朋友們大部分都認為他們服務的企業並沒有真正的「價值觀」。我認為，這是因為東、西方企業文化的不同造成了巨大差異。

東方企業文化的視角看員工

二〇一七年十月七日和九日，我在臉書上發表了兩篇談「東、西方文化差異」的文章，*詳細解釋了東方文化建立在人本不平等的倫理架構上，造成了人與人之間親疏遠近的距離。在習慣不平等的階級和人際關係的東方企業文化影響下，東方企業領導人的個性與企業的興衰，有比西方企業更高的關聯性。

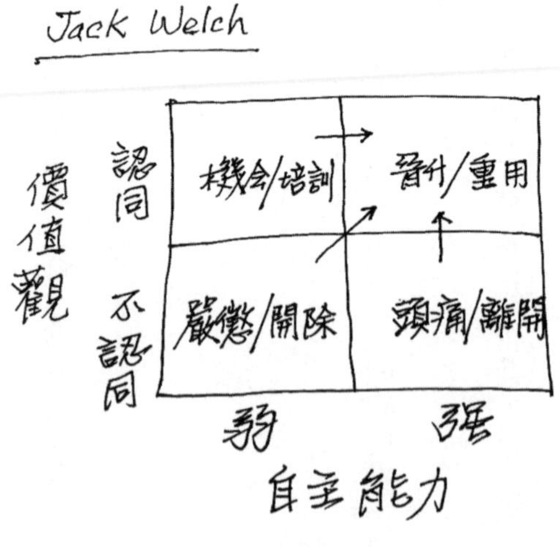

雖然近代的東方企業想要效法西方成功企業，也都紛紛提倡自己企業的核心價值觀，以便匡正企業文化，但是在東方文化的巨大影響下，「忠誠度」取代了口號式的「核心價值觀」。在這種企業裡服務的員工，忠誠度變成了一個重要的指標，往往比能力和績效來得更重要。

在過去四十多年的職場生涯中，我觀察到東方企業——包含海峽兩岸的企業——大致可以分成兩大類型：「霸道模式」與「王道模式」。

▼東方式的「霸道」管理模式

第一種是有強勢的領導人、高度的中央集權，進行「霸道」式的領導和管理。這種類型企業的興衰與領導人的遠見與能力有強烈的關係。雖然容易形成一言堂和馬屁文

* 編注：第一篇為〈東西方文化衝突的根源：平等與不平等〉（https://tuna.to/on-equality-7c7059784449），第二篇為〈東西方的文化差異：人與人之間的距離〉（https://tuna.to/on-relationship-df04d9ea4c31）。可掃描下列條碼：

化，但是往往擁有超強的執行力。

在這種企業裡的員工，參考威爾許的模式，也可以分成四種。只要工作足夠長時間，受到強烈文化的影響，也會向某個象限移動集中，形成主流的企業文化員工。

一、對企業領導人具有高忠誠度，又懂得低調維持弱的自主能力，必會得到晉升和重用。

二、對企業領導人具有高忠誠度，喜歡自行其事又有很強能力的員工，必定會與企業領導人起衝突。必須經過領導人的馴服才能順從領導人的意志，在企業內得到發展，否則早晚會離開。

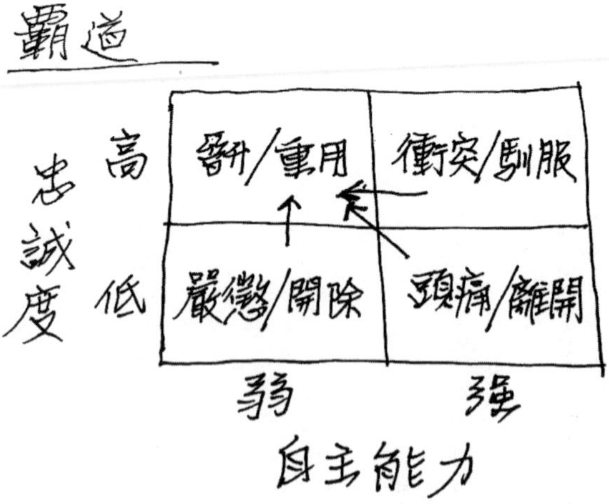

三、具有低忠誠度和弱的自主能力，必定會因為工作績效而受到嚴懲或被開除。

四、最頭痛的是那些具有很強的自主能力，但是對企業領導人忠誠度低、不願聽命行事、老是依照自己的想法做事的員工。雖然有好的工作績效，但是得不到領導人的信任，終究還是會離開企業、另謀他就。

員工要思考的是：自己目前在哪個象限？如果不打算離開，如何能夠服從領導人的馴服和意志，又能提升自己的能力，領導人指到哪、打到哪？做得到，就會得到晉升和重用。

▼東方式的「王道」管理模式

第二種類型的企業領導人通常比較「人性化」，能夠採納屬下意見，較少專斷獨行。另一個角度來看，碰到重大決策的時候往往優柔寡斷，不願意面對問題，假授權之名，由屬下各行其事。這種企業的最高領導人或許有西方文化的人權和平等概念，但是在東方企業家長式領導的影響下，無法以核心價值觀來統一經營層高階主管的信念，等於披著西方文化的外衣，骨子裡仍然是東方文化的管理。

從「王道」兩個字就可以得知，企業內遂行的仍然是封建體制式的管理，以「王」為尊，使得企業內能力高強的主管各擁山頭，諸侯內鬥便難以避免。王道的領導人大多仍離不開家天下的思維，期望布局自己的二代接班，而這樣卻往往激起老臣、能臣，甚至二代接班人之間的頻繁衝突。在這種企業內服務的員工，有必要認清企業內部的文化與衝突。在這種企業內，跟對老闆似乎比工作能力和績效更重要。

依照對領導人的忠誠度和自主能力的強弱來區分，員工也可以分成四種。

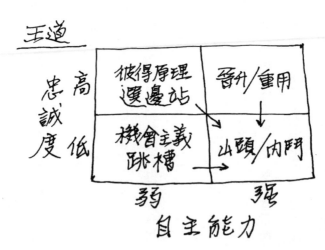

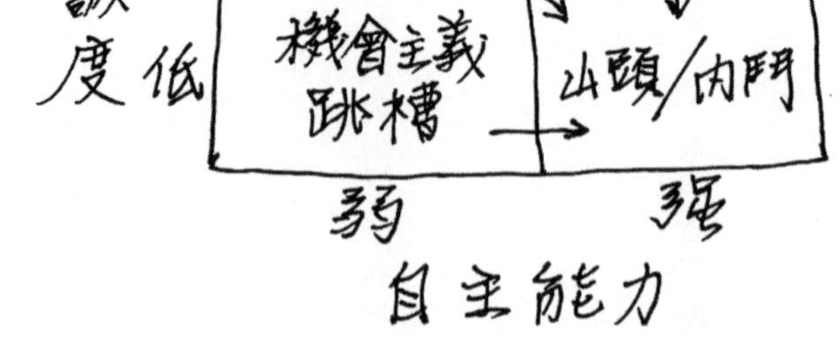

一、忠誠度高、自主能力弱的員工，依照彼得原理（Peter Principle）會晉升到自己能力所不及的職位，然後停頓在那裡。這些人往往是企業的老臣，對老闆忠心耿耿，但是又不能隨著環境提升自己的能力，只期待安穩退休。然而企業能臣之間的互鬥，讓他們難以選擇成為一個逍遙派，有時則會被逼得必須選邊站，例如挺二代接班人。

二、對於高忠誠度又有很強的自主能力的員工，這種企業是最好的舞台，一定會得到企業領導人的晉升和重用。由於企業領導人的民主作風，山頭之間必定會有能力強、工作績效優，但是又不聽話的山頭出現，最終避免不了加入山頭之間爭權奪利的內鬥內耗。

三、忠誠度低、自主能力弱的員工，只能當個機會主義者。所謂「西瓜偎大邊」，哪邊強、哪邊靠。跟對老闆可扶搖直上，跟錯老闆則前途暗淡。如果外頭有機會，還是伺機跳槽吧。

四、忠誠度低又自主能力非常強的員工，這種企業也是他最好的舞台。開疆闢土，爭權奪利，成者為王，敗者為寇，必須靠自己打下一片江山。為了爭奪資源，難免有內部競爭。要打江山，必須靠自己的人馬，拉幫結派在所難免。

面對忠誠的老臣和有戰功的能臣，口說施行王道的企業領導人，為了擺平這些山頭，往往就必須分割企業、封疆立侯。可是為了第二代能順利接班，最終還是會依靠忠誠度高又聽話的老臣和能臣。

結論

以上兩種東方領導文化，都有成功和失敗的案例，各位朋友在海峽兩岸都可以找到許多例子，我就不舉例了。

在東方企業擔任專業經理人的朋友們，首先要了解你所服務的企業的屬性和文化，然後了解自己在這四個象限中的哪一個，才能夠認識自己在這個企業的發展方向，做正確的抉擇。在海峽兩岸的華人企業服務，該怎麼做？其實差別並不大：

一、首先都是必須要聽老闆的話，忠誠度往往比能力和績效來得重要；
二、選對老闆、跟對老闆，比職業生涯規畫要來得重要；
三、不管是聽老闆的指揮，或是自己創造舞台來發揮，工作能力和績效是唯一可以自己掌握的因素，一定要拚搏，繳出優秀的工作績效；
四、如果以上幾點都做不到的話，那麼只有選擇自己去創業了。

Part 3
產業現今與未來的洞察力

18 從華為擊敗高通獲選5G編碼標準，談中國數位電信技術的發展故事

美國時間二〇一六年十一月十七日凌晨十二點四十五分，在第三代行動通訊合作計畫無線存取網路第一工作小組第八十七次會議（3GPP RAN1 #87）的5G短碼方案討論中，歷經千辛萬苦，中國華為公司的極化碼（Polar Code）方案，最終戰勝列強，成為5G控制信道eMBB場景編碼最終方案。

編碼（Encoding）和調變（Modulation）是無線通信技術中最核心、最深奧的部分，被稱為「頂級的通信技術」，不僅展現一個國家在通信科學基礎理論上的整體實力，更決定著在通信領域是否擁有最高的話語權。

看到這則新聞報導，勾起了我十多年前的一段回憶，也感嘆中國大陸在無線通信領域和巨大的手機產業，從無到有，從落後、追趕、並肩到超越的整個過程，並且培養出

了華為、中興和眾多中國手機品牌公司，趁著這個心情複雜的時刻，寫下這段歷史與大家分享。

TD-SCDMA產業合作的祕辛

中國在3G時代所創立的TD-SCDMA國際標準，我也有幸參與，在當時信息產業部曲維枝副部長的委託下，歷經千辛萬苦說服諾基亞（Nokia）（其中有些祕辛，但還無法解密），加入了由我代表德州儀器公司所主導成立、位於上海閔行區的合資公司「凱明」（COMMIT）。這是第一家有能力提供TD-SCDMA晶片組的無廠IC設計公司（Fabless IC Design House），讓TD-SCDMA有了商業化的手機晶片平台。

中國3G的TD-SCDMA標準，是由大唐集團李世鶴為首的大唐電信科學研究人員開發，並於一九九八年六月二十九日向國際電信聯盟（International Telecommunication Union, ITU）提交TD-SCDMA無線傳輸技術建議。二〇〇〇年五月獲得國際電信聯盟接受，成為國際上第三代移動通信無線接入技術的三大標準之一，這也是中國百年電信史上的重大里程碑。

被譽為「ＴＤ之父」的李世鶴博士，一九四一年出生於重慶，一九六三年畢業於成都電訊工程學院（現在電子科技大學的前身），是電信科學研究院的副總工程師，也曾任大唐移動通信設備有限公司副總裁。他長期從事科學研究，在微波通信和移動通信領域都取得了令人矚目的成績。在負責起草和修訂TD-SCDMA標準的同時，也負責主持開發全套TD-SCDMA系統設備的任務。

然而，如果空有國際標準和基地台，卻沒有手機晶片，就無法形成產業。因此中國信息產業部副部長曲維枝找到了當時擔任德州儀器亞洲區總裁的我，希望由我帶頭成立一家ＴＤ手機晶片公司。基於在大陸長期與信產部良好的合作關係，以及和曲副部長的交情，我就一口答應了。

這可是一個很艱難的任務，因為當時無線通訊產業的技術、產品和生態都控制在歐美企業的手中。取得國際標準只是第一步，如果沒有信號發射基地台和手機，是無法形成產業的。雖然當時已經在開發基地台，但是如果沒有手機可用，還是無法調適和認證。

合縱連橫

雖然在無線通訊產業，基地台已經是很大的市場，但手機才是真正的兵家必爭之地。手機市場遠比基地台市場要大，可是關鍵在於要有手機端的TD晶片組，這就必須找半導體公司幫忙，因此信產部曲副部長就找到了我。

首先，我必須說服德州儀器，將德州儀器內部的「開放式多媒體應用平台架構」（Open Multimedia Application Platform，下稱OMAP）開放出來給中國，修改成為TD-SCDMA晶片，並且投資成為這家合資公司的股東，才能確保技術來源及後續的支持。可是，當時諾基亞是另一個3G標準WCDMA的最大支持者，同時也擁有全球手機最大的市占率，又是德州儀器最大的手機晶片客戶，諾基亞豈會同意德州儀器參與開發和支持TD-SCDMA？

於是我的挑戰變成了如何說服諾基亞同意，而且最保險的辦法是讓諾基亞成為這家合資公司的股東，才不會有任何意外和改變。如果我可以擺平諾基亞，那麼挾天子以令諸侯，德州儀器的問題就不大了。

但是，3G全球三大標準還有一個CDMA2000，最大的支持者就是韓國三星（Samsung）和LG，如果能夠先爭取到其中一個支持，那麼再爭取諾基亞加入就會更容易一點。而且可以對外造成一個印象，就是兩大現有的國際標準陣營，其實也支持這個新誕生的標準，比較容易得到手機品牌公司的支持，來開發新的TD規格手機。

三星當時已經非常壯大，所以很難打交道，於是我選擇了LG為首先要攻克的目標。以我和LG的多年交情，加上信產部在旁敲邊鼓，第一張骨牌很容易就攻了下來。接著諾基亞也同意，那麼德州儀器也就不得不半推半就地加入了。

可是，德州儀器為了不得罪手機客戶，何況在中國大陸也沒有工廠和資源，所以並不願意承擔成立這個合資公司的主要責任。於是我就找上了我的老同學，也就是台灣大霸電子的創辦人兼董事長莫皓然，利用他在上海閔行區的「廸比特」品牌手機廠房和資源，成立了凱明公司。

二〇〇二年一月，由中國信息產業部及電信科學技術研究院發起，十七家中外公司合資成立的凱明資訊在北京正式宣布成立，共同推動TD-SCDMA的3G標準。凱明成立的主要目的，就是為了替中國的3G標準TD-SCDMA開發多媒體終端晶片與TD-

SCDMA／GSM雙頻手機。

這家公司的董事長由普天集團總裁歐陽忠謀擔任，電信科學技術研究院副院長楊毅剛任副董事長，大霸董事長莫皓然擔任CEO，大唐電信的李軍擔任技術長（CTO）。投資總額達兩億三千多萬元人民幣，主要投資方分別是中國普天資訊產業集團公司、電信科學技術研究院、德州儀器中國公司、諾基亞（中國）投資有限公司、LG電子株式會社和首信、大霸等十七家橫跨電信各領域的企業。

凱明的十七家主要股東其實都是通信市場上的競爭對手，例如普天和諾基亞、LG、首信、大霸在手機製造領域互相競爭。由電信科學技術研究院改制大唐集團支持的TD-SCDMA、諾基亞主導的WCDMA，以及LG傾注全力的CDMA2000，三個標準更是彼此對立。因此，凱明的成立被當時的業者視為「不可能的任務」，只有極少數人知道我是幕後推手兼總設計師。

功虧一簣

由於凱明的成立，引發了國際和大陸半導體公司爭相投入TD手機晶片的研發，諸如意法半導體（STMicroelectronics）、飛利浦半導體〔Philips Semiconductor，為恩智浦半導體（NXP Semiconductors）的前身〕和三星投資的天碁科技（T3G）、大陸本土的展訊等。

二〇〇二年十月三十日，由大唐電信、南方高科、華立、華為、聯想、中興、中國電子、中國普天等八家知名通信企業作為首批成員，自願發起並成立了TD-SCDMA產業聯盟。TD-SCDMA產業聯盟是從事TD-SCDMA標準及產品的研究、開發、生產、製造、服務的企、事業單位自願組成的社會團體。

那麼凱明後來的發展呢？

由凱明信息開發的TD-SCDMA晶片，使用中芯國際半導體製造（上海）有限公司（簡稱中芯國際）〇．一八微米製程一次流片成功。凱明完成了前端系統和電路設計及驗證，由芯原微電子提供中芯國際〇．一八微米單元庫和後端設計服務。

這個專案於二〇〇四年四月啟動，樣品於同年八月面市，後來通過產品樣片測試和系統測試並試產。這組專用晶片的誕生，是中國3G標準核心晶片首次在國內進行的自主設計，以及自行加工製造與測試。

看似前程一片大好的凱明，卻因為德州儀器策略性地決定終止OMAP平台的研發與迭代，加上我和德州儀器有許多策略和理念的不同，於是我在二〇〇七年十月底離開德州儀器，加入鴻海。而我的老同學，也就是大霸電子的莫董事長，又由於迪比特手機品牌的失敗而退出中國大陸市場，導致內線交易官司纏身，自顧不暇，因而無心戀戰凱明。其他股東都是多方合作、多方壓寶，所以也不是那麼在乎凱明的生死。

此外，再加上凱明錯過了三次外部融資的機會，資金鏈斷裂，積欠員工三個月工資。於是在TD市場一致看好的情況下，二〇〇八年五月六日經過仔細評估後，凱明董事會全體一致通過終止凱明營運的決議，並提交股東大會審核通過，結束了六年半的生命。

過去的失敗造就今日的成功

就在看到這個新聞報導的同時，我也得到一個好消息：老莫纏訟十二年的內線交易官司在更二審宣判無罪，昨天最高法院駁回上訴，正式結束老莫十二年的惡夢和浩劫。如果當時我不離開德州儀器，如果老莫沒有這個莫名奇妙的內線交易官司，如果凱明沒有過於自信公開發行（Initial Public Offerings, IPO）而錯過三次融資機會，如果……

不過，這些都改變不了今天的事實。只是很少人知道，中國大陸通信產業從3G到5G，這一路上走地多麼辛苦，多少血汗、多少故事隱藏在今天光鮮亮麗的成就後面。總而言之，華為值得我們尊敬。從超越愛立信（Ericsson）成為全球第一通訊設備營運商開始的那一刻，就宣告了華為傳奇的正式開啟。如今超越高通（Qualcomm），再次見證華為的偉大。而下一個目標就是手機領域的三星、蘋果（Apple）。華為的成功只是中國科技企業走向世界舞台中心的一個縮影，而我們即將見證更多的顛覆和傳奇。

沒有人相信一直霸占著核心技術的高通會被華為打敗，就如同沒人相信華為會打敗愛立信一樣。但最終結果仍宣告了高通統治時代已經結束，中國通訊技術邁入世界的頂尖領域。

19
「代工」與「品牌」
——台灣品牌做不好，是鴻海的錯嗎？

台灣品牌做不好，能算是鴻海的錯嗎？有許多媒體朋友希望採訪我，談談我對鴻海或郭台銘董事長的看法，我都一一回絕。因為我的原則是不加入競爭對手跟老東家競爭，也不評論老東家。不過，我還是忍不住要跳出來講幾句公道話。

企業必須各司其職

有個道理，我想跟批評鴻海的朋友們說清楚：「一樣米養百樣人」這個道理，也適用於企業。有的企業適合做代工、有的企業適合做品牌，就如同有的人適合幹市場業務，有的人適合幹研發設計一樣。因此，在整個產業生態系裡，各種各樣的企業都有，應該各司其職，把整個產業的大餅做大、把自己份內的工作做好。如果一個負責做品牌的企業做不好，並不能怪生產製造代工的企業做得太好，因為這個邏輯是不對的。我們應該去檢討「做品牌的企業為什麼做不好」，而不是去責怪「做代工做得太好」的企業。

一個強盛的國家或是經濟大國，必定是農業、工業、電子業、金融業、服務業等各行各業都能做得很好，如果其中製造業反而做得不好，一定會有問題。因此，歐美國家都在絞盡腦汁，希望在自己的國內重建製造業。

製造是台灣的優勢

台灣是個小島，內需市場也比較小，產品、品牌、通路雖然仍在摸索中，但製造方面卻是我們的一大優勢。因此，台灣應該集中資源、挑對產業，把產業生態做強、做大。然而這也不能只靠一些大企業從產業鏈的材料源頭一直做到最終的品牌和通路。類似韓國三星大企業集團的產業結構，對台灣未必是好事，因為，政府這樣扶植大企業集團「從頭做到尾」會扼殺許多年輕人創新創業的機會。

所以我比較支持**產業鏈要斷開，產生長尾效應**。在產業的生態系統裡面，應該有許多大大小小的企業，各自培養自己的核心能力和核心競爭力，各司其職。如果做得好，要給他們掌聲和鼓勵；如果做得不好，則要想辦法檢討改善。如果企業自己做不好，卻怪其他產業上下游做得太好，這就會誤導企業改善的方向，也會產生劣幣驅逐良幣的結果。

鴻海也在尋找轉型出路

鴻海在電子製造代工方面做到世界第一，我們應該給他們鼓勵和掌聲。鴻海並沒有因此而傲慢和停頓，他們很清楚地知道，在守住這個代工霸主地位之外，他們需要轉型，也很努力地在找方法。可是他們在代工製造成功的基因，卻變成了他們的包袱，對於這一點，我們應該給予理解和同情。

相對於鴻海聚焦在代工製造上，台灣電子業也有很多企業敢挑戰品牌和通路。他們的困難和失敗都有各自的內部和外部原因。但是，我們千萬不能夠把這些做品牌企業的失敗，怪罪於其他做不同領域成功的企業。

至於鴻海郭董所說的，鴻海的成功關鍵在於擁有「一流的客戶，二流的設備，三流的管理，四流的人才」，我認為這是鴻海謙虛的說法。試著想想，一個白手起家、在創業四十年不到就成為世界第一的代工製造企業，年營收高達五兆台幣，全球雇用一百三十萬員工的鴻海，如果說人才都是四流的，怎麼可能？這種說法對於代表鴻海征戰全球、立下無數戰功的台幹們公平嗎？

弱勢正是機會

我希望這些批評鴻海的朋友們是秉持著「愛之深、責之切」的心情，更希望這些朋友能夠正面看待台灣在品牌、通路方面的弱勢，這就是年輕人創新創業最好的機會。

比較日韓大企業集團林立的現象，造成了日韓年輕人創業的障礙，因此中小企業難以發展壯大。台灣的年輕朋友們應該把握台灣在品牌通路方面的空洞，利用台灣在供應鏈和生產製造上的優勢，創立自己的一番事業。

與其批評鴻海，何不善用鴻海，使之成為自己創業的助力？

20 亞洲製造移回歐美真的好嗎？

二〇一五年九月二十八到三十日，矽遞科技和深圳柴火創客空間的創辦人潘昊，跟我一同參加了一場由奧地利薩爾斯堡大學（University of Salzburg）主辦、十分特殊的物聯網論壇，主題是「重新思考科技創新——工廠、製作和設計研究」（Rethinking Technology Innovation: Factories, Fabrication & Design Research）。

這個論壇的特殊之處，在於參加者只有來自全球各地的十四位專家學者和十四位博士生，再加上主辦單位的教授四人，總共也只有三十二人。整個三天的論壇就像在一起上課的一個小班，有許多互動，非常有趣。從參加活動的名單來看，代表業界的只有來自海峽兩岸的潘昊和我，以及來自美國英特爾實驗室（Intel Labs）的蘇珊（Suzanne）和賽斯（Seth），其他都是大學教授和博士生。我參加了三個論壇，參觀了當地一家工廠，也接受了當地電台的採訪。

fabrication與manufacturing

在這次的論壇主題裡，「製造」用的英文字是fabrication，有別於代表大量生產製造的manufacturing。在字義上，fabrication比較偏重在相對小量的製作或裝配。因此，從這個字眼的選擇可以看出，論壇主題更偏向從創客的making到小量的fabrication，但是討論當中自然也包含了大量生產的manufacturing。

從參加者名單可以看出來，真正懂製造又具有實務經驗的就只有潘昊和我了：潘昊比較偏向「從making到fabrication」的前端；而我則是比較偏「從fabrication到manufacturing」的後端。可以想像的是，主辦單位對於我們兩人的參加有多麼高興，否則這個論壇就成為一個單純的學術研究會議了。

「如何將製造業移回歐美？」

當時我參與的一個論壇主題，和現在川普（Donald J. Trump）當選後的熱門話題不謀而合：「如何將製造業移回美國和歐洲國家？」當時的歐巴馬（Barack H. Obama）總統正在努力尋求把生產製造移回美國本土，而歐洲國家也積極地往這個方向進行。因此論壇從「工業4.0」一直談到製造業的轉變，以及如何將製造業重新移回歐美已開發國家。

「將製造搬回美國」是川普競選時的主要政見，他希望創造美國的就業機會，使美國「再次偉大」，逼得許多亞洲國家政府和企業紛紛表態，聲稱會配合把生產遷移到美國本土。因此，我覺得當時論壇的討論特別值得分享。

在討論中，與會者普遍認為將製造由亞洲移回歐美是降低失業率和工業再復興的一個好方法，似乎這個假設前提已經被認定了。更進一步地說，如果找不到把製造移往歐美的方法，那麼亞洲製造業似乎就會被歸咎為造成歐美高失業率和經濟衰退的主要原因。為此，我不得不站出來，從產業的觀點提出我的看法，來討論這個假設的正確性。

不同類型的製造業

首先，我跟這些學者專家們解釋生產製造的方法，根據產品的種類、特性、數量、生命週期，製造的方式會有所不同。依生產數量來說，可以分成以下四種生產方式：

一、極少量：作坊生產（Job Shop Making）；

二、少量多樣：批量生產（Batch Process）；

三、多量少樣：裝配線生產（Assembly Line）；

四、單一大量：流水線生產（Continuous Flow）。

接著我為他們講解「生產自動化」。這四種方式都需要自動化，也都可以自動化。自動化分成兩種成分，一種是電腦化，一種是機械化。不論何種生產方式的生產線自動化，都是搭配機械化和電腦化的組合。舉例來說，作坊生產通常是數量極少，而且是客製化生產（例如飛機或輪船），因此自動化可能需要九〇%電腦化加上一〇%機械化；

然後隨著產品種類改變、生產數量增加，電腦化的百分比降低、機械化的百分比增加，到達流水線生產（例如食品、藥品、化妝保養品）時，可能需要的是一〇％電腦化和九〇％機械化。

至於用人的數量，在四種生產方式中，以裝配線的用人數量最多，而大部分電子產品的組裝都是「異形零組件組裝」，很難自動化，而且電子產品生命週期越來越短，需要彈性更大、更容易改變的生產線，因此大多是採用裝配線作業。

到了流水線生產，由於高度機械化，用人數反而會變得非常少。**歐美製造業移至亞洲的，大部分是批量生產線和大量用人的裝配生產線**。

人工與自動化

事實上，歐美並非完全沒有製造業。需要高度電腦化、高科技含量的作坊生產和批量生產，以及需要高度機械化的流水線生產、用人相對比較少的，大部分仍然留在歐美本土。而且歐美由於在高科技方面較為領先，所以享有更大的優勢。我以富士康為某主要客戶生產的手機為例：一條主裝配線（不包含配套的準備線和重工線），從頭到尾需要約兩百個作業員各司其職。每個作業流程都被拆解成簡單重複性的動作，以及嚴格執行的SOP，而且製造工程師要設計每個作業員的動作，以達到「防呆」的目標。

什麼叫做防呆？就是連呆子都不可能犯錯。因此，在大量生產的裝配線上工作的作業員，一定要遵守作業守則和動作程序，**絕對不可以自作主張、自作聰明去做任何改變**。而我告訴這些學者，這裡**正是扼殺「創新」的地方**。

福特汽車的創辦人亨利．福特（Henry Ford），在十九世紀末就說過一句名言：「為什麼當我真正想要的只是一雙手時，卻總是得到一整個人？」他的無奈來自「只要是人，就會有自己的想法」，人往往不會百分之百照著要求去執行，而這就是製造業最大的挑戰。

另外，我也請他們想像，生產線分日夜班，二十四小時開工提高設備稼動率和生產效率，以降低成本、增加競爭力，使消費者能夠得到物美價廉、品質高又可靠的產品。如果夜班結束、日班開線，發現有二、三十個作業員因為昨晚去網咖玩太晚，或是早上因為交通堵塞沒有辦法趕到，那怎麼辦？這種高科技產品生產線上的作業員，都需要長達一週的培訓才能上線參加生產作業，所以沒辦法臨時找未經培訓的人來補上缺席的員工，如此一來，整條生產線就沒有辦法開動了。因此，大量生產工廠作業員一定要集中管理、遵守紀律。歐美的工人能夠適應嗎？我甚至都還沒有提到供應鏈、加班和工資的問題呢！

技術與人力的取捨

歐美國家今天能夠在高科技領域居主導地位，並且享受科技紅利，有諸多優勢因素。但不可否認地，將這些扼殺創新、重覆乏味、低工資的大量生產製造工作移到亞洲，多少也能把人力和資源用到新產品、新技術的開發上，間接加快了歐美產業的創新速度。而亞洲製造占用了龐大的人力和資源，也相對減緩了科技創新的速度。而且嚴格地說，歐美仍然保留了許多具有核心技術、高附加價值的製造工作。如果因此誤導大眾，說是「亞洲搶了製造工作」，豈不是歐美國家得了便宜還賣乖？

在我發表完這些觀點之後，我再問這些學者，是否還認為應該把亞洲使用人力最多的裝配線搬回歐美本土？讓我覺得很有成就感的是，所有學者一致搖頭，不再提製造移回歐美的事了。

製造有許多不同的類型，除了人員、資金這些看得到的生產要素以外，看不到的關鍵技術、製程和自動化的技術甚至更重要，也更昂貴。如果只著眼於創造更多就業機會，那麼這和工業4.0的發展在思維上豈不是背道而馳？

21 傳產公司面對網路浪潮

——奧地利老牌企業的經驗

在上一篇文章中，我談到在這三天會議中，我參加了三個論壇、參觀了當地一家工廠，也接受了當地電台的採訪。這篇文章將和大家分享，主辦單位為我們安排參觀工廠時的所見所聞。這個工廠（Palfinger）位於奧德邊界，風景非常優美，一九六五年的著名電影《真善美》（*The Sound of Music*），就是在這附近的大草原拍攝的。

Palfinger 的歷史

總部設於奧地利薩爾斯堡的 Palfinger 成立於一九三二年，成立之初只是一個鉗工工廠，發展至今，已經成為全球舉足輕重的液壓起重、裝卸、搬運設備製造商。該集團在維也納證交所（Weiner Börse AG）上市，歐、美、亞三地都設有生產組裝廠房，在全球五大洲設有四千五百多個經銷維修點，其中九成以上的產品行銷世界一百三十多國。

Palfinger的主要產品，是曲臂伸縮式積載型起重機，該公司不但在這個領域技術超前，也是全球超過三成的市占率龍頭。另外，Palfinger也是全球最大的貨斗升降設備、木材起重機、回收起重機與貨櫃搬運系統製造商。

Palfinger Railway擁有高科技的鐵路專業設備和橋梁檢測設備，在這個領域的技術和市占率稱霸全歐。另外還有農業機械、半拖車和升降尾門，產品線十分齊全。Palfinger集團併購NDM（Davit起重機）之後，配合自有的海上

與風力系統，也進軍了船用起重機市場。

該公司二〇一五年總營收超過十億歐元，每年再以營收的二·五%投入研發，以便鞏固技術領導地位。此外，Palfinger也不斷擴張版圖，尤其是亞洲與美洲。其中的中國市場是第一優先，短期來看甚至可能成為最大的單一市場。該公司的另一個焦點在印度，因為這裡起重機市場的發展潛力幾乎無限。同時，Palfinger在南美洲也成長迅速，尤其是巴西、智利兩國。北美洲也後市看俏，前幾年已有併購案。該公司也持續投資海上和離岸風力發電設備，這方面在越南的機會非常大，也是往亞洲國際化的一項重點。

偏安於半世紀的高科技浪潮

有趣的是，我過去服務的兩家美國跨國公司，分別是成立於一九三九年的惠普，和成立於一九三〇年的德州儀器，再加上Palfinger這家奧地利公司，都是在一九三〇年代成立的公司。

德州儀器成立於美國德州，創立之初的產品是石油探勘儀器；惠普公司成立於美國加州矽谷，創立初期的主要產品是電子測試儀器。由於美國在電子高科技方面的快速發展，所以德州儀器和惠普這兩家公司都滿早就分別開始了產品的多元化。

仔細看看德州儀器和惠普這兩家公司做過的產品，有九〇%以上都是相同的：它們分別都從儀器開始，再進入國防軍工和電腦業，而且也都做過迷你電腦、工作站、桌上型電腦、筆記型電腦以及軟體開發等。更巧的是，兩家都曾經推出過手錶型計算機，還有至今仍然在銷售的專業用手持式計算機。德州儀器的科學計算機是美國中小學課程指定的必備上課用具；而惠普出品的財務計算機則是財務專業人士幾乎人手一部的工具。之後，這兩家公司也分別都進入了半導體產品的領域，惠普比較偏重於砷化鎵（GaAs）三五族的半導體產品，德州儀器則比較偏向於以矽（Si）為基礎的半導體產品。

這兩家公司都一樣，在公司發展的不同階段，都有不同的明星產品出來拯救公司，不僅讓公司度過難關，並且更加快速壯大。發展至今，德州儀器已經成為一個半導體產品為主的公司；而惠普公司經過幾次的分拆，至今已經是一個以印表機和電腦為主的跨國企業了。

Palfinger 一直身處於歐洲，高科技的演變和風潮似乎沒有影響到公司發展，因此一直停留在機械行業，八十五年來始終如一，唯一的產品就是起重機和吊車。在這個領域裡，他們也發展成為台灣所謂的「隱形冠軍」：產品行銷全球，市場占有率高達三成。

再來看看這三家公司的年營業額，做個比較：Palfinger 大約是十億美元等級，德州儀器則落在百億美元等級，惠普則是千億美元等級。

Palfinger 彷彿偏安一隅，沒有受到過去半世紀高科技浪潮的衝擊，平穩地待在起重機產業裡。但是隨著網路浪潮的來襲，物聯網的趨勢喊得震天價響，再加上隔鄰德國不斷鼓吹工業 4.0，Palfinger 感受到這股顛覆的力量，再也按捺不住了。

Palfinger 的「工業 4.0」

在我們參觀工廠的過程中，看到一個非常大的組裝工廠。起重機產品都是幾十噸的龐然大物，因此這個工廠裡的零件都是以百公斤或以噸計，需要高空吊車來調動。整個工廠也就十來個工人在工作，但每一個都是老師傅，一輩子就是幹這個行業的。

廠長跟我們介紹，他們這個組裝廠也已經展開工業4.0的計畫，將投資數百萬歐元建立自己的無人搬運車體系，連線到他們的生產管理和原物料管理系統。

我忍不住好奇地問廠長，他們每天搬運幾次這些龐大的零組件？廠長說大約兩、三次吧，每天也不會超過二十個。於是我又問廠長，這套投資數百萬歐元的無人搬運車系統，每天的使用率應該很低吧？大部分的時間可能都沒有在使用？廠長回答說，應該是。我又問，有沒有算過投資報酬率？廠長說這個不在他們的考慮範圍之內。

這就是一個典型的「為了工業4.0而做工業4.0」的例子，對公司有沒有任何效益和好處，似乎沒有人關心。

Palfinger的物聯網

接下來我們參觀了公司為物聯網而做的一些項目和計畫。他們在起重機和各種吊車的吊臂上，裝設了很多的傳感器（Sensor），然後在起重機基座裝了樹莓派（Raspberry

Pi）*來做訊號蒐集和計算處理，接著設計了一款雙手操作的遙控指揮器，有點像電動遊戲使用的遙控器，然後再用Wi-Fi和樹莓派連結。透過Wi-Fi，所有的數據和控制參數都會傳送到公司的私有雲，建立起用戶使用產品的大資料庫。透過數據分析，可以給用戶產品更新、升級、維修等的建議。

對於這些新項目的發展，我感覺非常振奮，偏安在高科技浪潮之外八十五年、屬於傳統產業的Palfinger，終於也加入物聯網的行列了。互聯網所及之處，傳統產業無不披靡。

傳產翻新的衝擊

在討論當中，我也發現了在「企業體制內創新」時所產生的文化衝突和挑戰：原來雇用的員工大部分都在公司服務多年，屬於機械工業黑手級的中、老年技術工人；但是參與工業4.0和物聯網計畫的大部分是從外面招聘、比較年輕的電子工程師和電腦軟體程式師。

這些年輕工程師在奧地利非常難找，因此薪資也比傳統的機械黑手要高很多。但可以想像，這個不到十個人的小部門，身處於這家百年老店內，日子並不好過。他們的加入對原有薪資制度造成了衝擊，他們的工作方法也形成了文化上的衝突，因此受到老員工的排擠，工作推展得不是很順利。

同樣的情況會發生在所有的傳統產業裡，受到高科技浪潮的衝擊是不可避免的，傳統產業一定要想辦法轉型，不管是產品、技術、營運模式等，都會受到網路浪潮的衝

---

* 編注：樹莓派是一款由英國樹莓派基金會開發的微型電腦，只有火柴盒大小，入門級的硬體可搭載Linux等軟體，最初的目的是以低價硬體及自由軟體促進學校的基本電腦科學教育。

擊。但是在體制內創新，就不可避免地會面臨這些世代交替和衝突問題。或許外包也是可以考慮的選項之一，這樣做也可以為創客帶來創新創業的商機。

歐美的傳統產業已經動起來了，台灣的傳統產業還可以繼續沉睡不醒嗎？

22 科技會取代人類的工作嗎？先解決勞動力結構與遠見問題

機器人

二〇一六年美國之行，我在哈佛大學（Harvard University）、加州理工學院（California Institute of Technology）和矽谷的三場演講，內容都是針對未來「產品4.0」時代，尤其是機器人以及相關的人工智慧領域創新創業方向，把我的看法拿出來和聽眾分享。在演講完之後的提問時間，都免不了有朋友們憂心地問，機器人將來會不會取代人類的工作，導致人類的失業率大幅增加？

無人駕駛

十一月十二日在波士頓麻省理工學院（Massachusetts Institute of Technology, MIT）舉辦的「麻省理工學院中國創新與創業論壇第六屆年度峰會」中，有一個針對無人駕駛（Autonomous Driving）的專題討論會。

這個專題討論會的主持人是《麻省理工科技評論》（*MIT Technology Review*）的資深編輯威爾·奈特（Will Knight），成員有麻省理工學院媒體實驗室（Media Lab）的教授易亞·拉萬（Iyad Rahwan）、AutoX創始人蕭健雄（Jianxiong Xiao）、Tusimple的創始人侯曉迪（Xiaodi Hou），以及云啟創投的創始人黃榆鑌。

討論會圍繞著無人駕駛的科技發展、社會保險、意外事故責任、法律規範等話題展開。其中有成員提到，光在中國大陸就有一千六百萬個卡車司機，假如自動駕駛經過立法成為強制性的話，那麼這一千六百萬個卡車司機是否會因為失業而造成社會問題？

人工智慧

十一月二十九日我結束美國之行。回到台北的第二天，就參加了由亞洲十六個國家組成的亞洲廣告聯盟（Asian Federation of Advertising Associations, AFAA）授權台北市廣告代理商業同業公會主辦、滾石文化策展的第二屆「數位亞洲大會」（DigiAsia）三天論壇最後一天下午的「數位夢想家創新媒合大舞台」，擔任開場主題演講者。

數位亞洲大會於二〇一四年誕生，固定每兩年於台北召開，是亞洲地區最具指標性的數位盛會。會員大部分是來自亞洲地區各國的廣告行銷從業人員。第一屆大會的主題是「數位超越想像」（Digi beyond Imagination）。這兩年來，我們可以感受到社群媒體完全顛覆了我們溝通的方式，於是本屆大會主題訂為「Social Next社群媒體的下一步」。

我在演講之前詢問了主辦單位和參加論壇的部分會員，過去兩天半都在討論些什麼題目？大部分人都說，過去幾天討論的重點是人工智慧和科技發展對廣告行銷產業的影響。這些新科技的發展讓這些廣告行銷的從業專家非常震撼，紛紛感到非常焦慮和憂心，他們認為自身的專業和工作遲早會被人工智慧所取代，到時候會有大量的廣告行銷從業人員面臨失業的困境。

以上三個例子都在探討同樣的問題，那就是高科技的發展會讓機器人、無人駕駛、人工智慧取代人類的工作機會嗎？事實上會發生嗎？

人口生育率低迷

我認為「科技取代人類的工作機會」是個偽命題。讓我們換個角度來看看全球面臨的另外一個挑戰和問題：人口生育率的低迷和勞動力的短缺。

總生育率是指平均每位十五到四十九歲的婦女，一生所生育的子女數目。要維持人口結構穩定，總生育率就必須達到二．一的水準。我們來看看兩份數據（見下頁表），一份源於美國中央情報局（Central Intelligence Agency, CIA）《世界概況》（*The World Factbook*）二〇一五年版，一份來自聯合國經濟和社會事務部人口司（the Population Division of the Department of Economic and Social Afairs of the United Nations）「世界人口展望」報告（World Population Prospects）二〇一五年版中對二〇一五到二〇二〇年生育率的預測（中等估值；

台灣沒有列入聯合國統計名單）。

人口結構老化

「人口生育率低於二．一」已經成為經濟大國或已開發國家的第一大問題。接著我們來看看第二個問題：人口結構老化。根據世界衛生組織（WHO）的定義，當該國家中六十五歲以上老年人口比率達到七％，就進入「高齡化」，達一四％為「高齡社會」，達二〇％則是進入「超高齡社會」。

目前日本以二五．一％的數字傲視全球，其他兩個同樣已邁入超高齡社會的國家則為德國與義大利。根據內政部統計，到二〇一六年五月為止，台灣老年人口約占總人口的一〇．七％，其中嘉義、

總生育率	美國中情局《世界概況》2015年版	聯合國人口司「世界人口展望」報告2015年版對2015到2020年生育率的預測
美國	1.87	2.01
中國大陸	1.67	1.73
德國	1.44	1.44
日本	1.40	1.46
韓國	1.25	1.33
台灣	1.12	--

雲林和澎湖的老年人口超過一四%，已達「高齡縣」的標準。

信評機構穆迪（Moody's）預測，希臘與芬蘭將會在明年加入超高齡社會的行列；包括荷蘭、法國、葡萄牙、瑞典、斯洛維尼亞與克羅埃西亞等在內的八個國家，會在二〇二〇年邁入；加拿大、西班牙與英國則是二〇二五年；而到了二〇三〇年，香港、韓國、美國、英國、紐西蘭與新加坡等國，也都逃不過進入超高齡社會的命運。

勞動人口短缺

在經濟學的定義上，一個國家十五到六十四歲的人民稱為勞動人口。勞動人口的數量占全國總人口的比率，稱為勞動力比率。如果這個比率的趨勢是上升的，稱為人口紅利（Demographic Dividend），如果趨勢是下滑的，稱為人口負債（Demographic Debt）。

許多國家的經濟高速成長時期，背後都會搭配人口紅利的成長；衰退則有人口負債的時空背景。觀察一個國家未來的經濟發展前景，人口結構議題是不得不重視的。一個國家的經濟發展要考量和規劃的要素相當多，而人口紅利可以說是對國家長期發展最大效益的因素。只要有長期的人口紅利，對外開放貿易，適當吸引熱錢，甚至培植國家特定產業，該國的經濟發展通常不會太糟糕。但國家的人民會隨著長時間而衰老，人口紅利會轉為人口負債，觀察處於人口負債結構的國家，幾乎都會面臨下列問題：國債大幅增加、民間消費難以成長、人口高齡化、房地產泡沫、所有產業營運利潤低、企業晉升制度癱瘓、社會福利制度破產、醫療資源分配不均、年輕人高失業率、外國企業停止投資或企業出走等。這些問題一旦浮現，國家財政一定會出現危機，然後陷入景氣衰退的惡性循環。

台灣總生育率已經降至一．一，依據美國人口資料局（Population Reference Bureau）統計，二〇一六年已經在全球排名最後，估計到二〇五〇年，人口會下降七％。少子化造成國內生產毛額（Gross Domestic Product，下稱ＧＤＰ）降低、空屋增多、學校倒閉、青壯年負擔沉重等威脅。

先解決勞動力結構問題

所以當今世界各已開發國家所面臨的最大挑戰，就是要找出辦法來解決因為生育率下降、人口結構老化和勞動力短缺所造成的經濟衰退問題。盤點各國採取的措施，不外乎鼓勵生育、吸引國外精英移民國內、發展高科技來提高生產力和效率。所以我說「高科技取代人類工作，造成失業率增加」是個偽命題，真正的情況是**已開發國家都在面臨勞動力短缺，而不是失業人口過多的問題**。

但是高科技取代人類工作、造成失業率增加是一個事實。長期來看，勞動力短缺越來越嚴重也是一個事實。所以今天我們們面臨的挑戰，是如何**將「被高科技取代的勞動力」重新再教育、再學習，補上經濟發展所需要的勞動力缺口**。我們應該擁抱高科技，而不是畏懼高科技所帶來的改變。我們更應該主動發展高科技，而不是被動地拒絕和排斥。高科技不僅可以解決我們目前面臨的勞動力短缺問題，還可以為我們許多傳統產業改造升級、再造競爭力。

政府不能像一些已經被高科技顛覆的傳統產業，對高科技一開始是看不見，接著看不懂，然後看不起，最後追不上，躲不過被淘汰出局的命運。

勞動力是我們最寶貴也是最稀缺的資源，政府不能畏於勞資糾紛而一味討好勞工，在科技、工具、方法沒有改善之前，在勞動力缺口越來越大的情況下降低勞動時間。因為在所有勞動條件不變的情況下，生產力和勞動時間是成正比的，降低勞動時間就是降低生產力，會導致產業失去競爭力，國家經濟成長趨緩。

至於如何吸引高階國際人才來台灣工作或移民、改善居住和工作環境、解決國外人才來台遇到的困難和障礙等，都只是皮毛工作，真正重要的是吸引什麼產業、什麼專業的國際人才。因為高科技取代工作造成的失業勞動人口，透過技職教育體系再學習什麼？引導到哪些產業？政府必須要有「看穿水晶球」、「看到未來」的能力。

從勞動力再教育看產業政策的可行性

台灣新政府上台之後提出了包括綠能科技、亞洲矽谷、生技醫藥、國防產業與智慧機械產業的「五大創新研發產業聚落計畫」。有些人批評這五大產業政策淪於口號、內容空洞。我則認為，這五大產業政策範圍很大，**徒有大框架沒有實施細節，最終可能因為資源分散而執行無方、沒有結果**。

建議可以用「勞動人口再教育」來檢驗政府產業政策是否完整可行，技職教育的對象、方向及內容是對政府產業政策最有效和最終的檢驗。因為，只有明確清晰的產業政策和實施細節，才能有明確的教育方向和內容。真心希望新政府的五大創新產業政策不會淪為「有想法沒有辦法，有辦法沒有方法，有方法沒有做法」。

23 對高科技招手
——新時代的「招商引資」

大部分開發中國家要加速經濟發展，都必須依靠外資。台灣在六、七〇年代的經濟發展，以及早期電子業的萌芽和後來的壯大，都和外資在台灣的發展有密不可分的關係。中國大陸在改革開放以後，短短二十幾年間的經濟高速發展，更是充分地利用了外商投資。「招商引資」在過去二十年裡，是中國政府中央和地方官員的最重要任務，也是考核官員的最重要績效指標。

台灣需要更多外資投入科技產業

雖然說台灣的平均國民所得（Per Capita National Income）已經足以列入已開發國家

的行列，但是就如同日本一般，已逐漸步入了經濟的困局，如果只靠來自本國企業和政府的投資，是不足以振衰起敝、翻轉局面的。所以，**為了刺激成長，今天的台灣更需要吸引外資**。

即使像中國大陸這樣，已經進入世界經濟強權之列，仍然需要外資以保障GDP持續成長。對於外商投資的方向和領域，中國大陸已經做出修正，拒絕高汙染、高能耗、高勞動力的產業。對於過去已經投資的外資企業，沿海地區的政府也都紛紛展開了「騰籠換鳥」的策略：除了取消過去提供的優惠政策，更透過加強稽查、嚴格繳稅等措施，迫使這些外資企業遷出沿海的一、二線城市，往內地發展，同時轉而吸引高技術、高附加價值、腦力密集的高科技外商。

今天的台灣，在環保觀念高漲、公民意識強大的情況下，也必須要吸引高科技的外商到台灣來投資。但是，英國脫歐、美國川普當選之後，保護主義在全球又悄悄地復活了。一場振興本國經濟、積極爭取外資、吸引高科技企業投資的全球競爭，也已經開始了。

案例：底特律的復興

讓我們看看美國「汽車城」底特律的例子。以汽車工業起家的底特律，曾經是美國第五大城市，在二〇〇八年金融海嘯爆發後，汽車產業全面受挫，成為經濟衰退之中的重災區。底特律市政府負債達一百八十五億美元，在二〇一三年七月宣告破產，成為美國史上最大宗的地方政府破產案。

不過，底特律在破產一年半之後，已經處理掉一半以上的債務，成功走出破產陰霾。到底這個城市是如何從絕境中挺過來的呢？除了政府出手襄助、車廠努力自救之外，業界出現新的競爭對手也加速了車廠轉型的步伐，例如二〇〇三年成立的特斯拉（Tesla）在金融海嘯後以純電動車技術吸引大量訂單，迫使傳統車廠跟著轉變。

「汽車之城」底特律只依靠傳統汽車，不免顯得老態龍鍾，而「創業聖地」矽谷卻靠著電動車、無人駕駛、共享經濟而生氣盎然。底特律要向高科技轉型，除了靠幾大車廠向矽谷搶人、搶技術之外，密西根州政府也積極爭取這些高科技公司到底特律投資，並且和這些車廠合作，希望能共創雙贏。

密西根州長瑞克・施奈德（Rick Snyder）表示，Google將在底特律郊區設立一家自動駕駛汽車研發中心，一家汽車技術公司也會把北美區總部設在附近。他還強調，密西根州有可供科技公司使用的豐富資源，尤其是汽車業，而軟體和技術開發更是密西根大學（University of Michigan）的強項，提供了任何公司都可以利用的人才和教育系統。該州政府並且主動提出，在底特律投資的汽車廠商和科技公司都可以利用密西根大學的無人車測試場「Mcity」和底特律市的真實街道來測試自動駕駛汽車。

在州政府的大力協助之下，三大汽車廠商透過在矽谷建立研發中心，或收購矽谷技術團隊的方式來獲得無人駕駛相關技術。底特律市甚至密西根州政府都在為無人駕駛汽車的研發與測試提供便利，堪稱是現代對高科技行業「招商引資」的新模式。

案例：匹茲堡向優步招手

再看看另一個美國城市——匹茲堡的例子。匹茲堡位於美國賓夕法尼亞州西南部，是賓州僅次於費城的第二大城市。匹茲堡曾是美國著名的鋼鐵工業城市，有「世界鋼都」之稱，但一九八〇年代之後，隨著中國鋼鐵產量上升，匹茲堡的鋼鐵業已經淡出，現在已轉型為以醫療、金融以及高科技等產業為主。

賓州政府和匹茲堡政府都傾全力吸引優步（Uber）到匹茲堡來投資，利用匹茲堡城市的特點和優勢提供各種協助，使得優步能夠在匹茲堡研發、測試、推廣應用無人駕駛汽車。匹茲堡有彎曲狹窄的巷弄，還有山坡、隧道和橋梁，在這裡測試無人車的性能再適合不過。優步先進科技中心的副總裁拉菲・克里科里安（Raffi Krikorian）說：「匹茲堡有非常活絡的街道網路，有交通堵塞的問題，同時也有劇烈變動的天氣，所以我們優步真的覺得匹茲堡是汽車界難度最高的城市。」匹茲堡市長威廉・培杜圖（William Peduto）也說：「自駕車創造出全新的經濟，我們讓自駕計程車上路，可以幫助匹茲堡成為這新經濟的先驅。」

匹茲堡希望打造引領先驅的城市印象，所屬的賓州目前也沒有針對無人車設立相關法規，所以匹茲堡對優步來說就像是一個大型的實驗室。一位機器人學教授則表示：「優步意識到自己基本上是站在一個能拓荒的土地上，他們能自己決定科技怎麼用，也能自己決定怎麼分析風險，還有決定車子上路與否。」

優步今天在美國匹茲堡推出開創性的自駕車載客服務，領先矽谷的競爭對手，可望帶來運輸業的新革命。匹茲堡又是一個高科技領域「招商引資」的新典範。

案例：新加坡的嘗試

接下來看看離台灣近一點的新加坡，也都在積極爭取成為高科技公司的實驗城市，以吸引高科技公司的投資。

很多人認為，Zoox、Google和優步這三家在無人駕駛汽車技術方面領先的高科技企業，最終都將在市區推出無人駕駛汽車車隊。這些高科技公司都認為機器比人類還可靠，這樣的概念也似乎慢慢在各國推廣開來，新加坡在二〇一六年八月底，已經領先全球成為第一個測試自駕計程車的國家。

雖然二〇一六年只有六台自駕車上路載客，車上也有一位安全人員隨時準備接手駕駛，不過自駕公司的目標是希望從二〇一八年開始，就能推出全面的自駕計程車服務，讓超過一百台無人駕駛車在新加坡的街道載客趴趴走。

案例：杜拜的超級高鐵和自動飛行器

最後，我們看看杜拜。杜拜是中東最富裕的城市，也是全球性國際金融中心之一。二〇二〇年，世界博覽會將在這裡舉辦。

杜拜這座全球最大的國際交通樞紐，對帶有未來色彩的新型交通方式抱有極大的興趣。去年，超級高鐵公司Hyperloop One就加入了杜拜未來加速器計畫，收到來自杜拜世界集團（Dubai World）的五千萬美元投資，並在十一月與杜拜交通管理部門簽訂協議，計劃修建一條連接杜拜和阿拉伯聯合大公國最大邦阿布達比的Hyperloop鐵路。

而在近日於杜拜舉行的世界政府峰會（World Government Summit）上，杜拜道路與交通局（ＲＴＡ）局長瑪塔爾・艾爾・塔耶爾（Mattar al-Tayer）宣布，杜拜計劃在二〇一七年七月份推出城市空中計程車服務，如果這個計畫能如期實現，「飛行汽車」、「載人無人機」、「城市低空通勤系統」等概念與現實之間的距離，可能將在二〇一七年被大大拉近。而這一無人機計程車計畫中使用的飛行器，正是在二〇一六年國際消費性電子展（The International Consumer Electronics Show, CES）上亮相並且賺足眼球的「億航

184」載人飛行器。

億航由創始人胡華智在二〇一四年四月於廣州成立，公司致力於飛行器的研發。胡華智少年時就是一個天才，十五歲就考上了清華大學計算機系。我在二〇一四年十月就到廣州拜訪和輔導了剛剛創業的億航，後來又陸續去拜訪了幾次。

胡華智不僅是航空模型發燒友，也是一位飛行愛好者。但在二〇一一年，他的好友季承在一次飛行事故中不幸遇難。不久之後，他的直升機教練也因為機械故障而喪失了寶貴的生命。這令他非常心痛，決心要做出一架最安全的飛行器。

「億航184」是該公司獨立自主研發的全球首款「全電力低空自動駕駛載人飛行器」，它的命名代表著「一」位乘客、「八」支螺旋槳和「四」支機臂，致力於為人類探索安全、環保、智慧的中短途交通運輸的全新解決方案。「億航184」的未來願景是乘客無需駕駛飛機，只需在機載應用程式（app）中設定飛行計畫和目的地，一鍵下達「起飛」指令，即可啟動自動駕駛，在低空飛行指揮調度中心的即時監管和調度服務下，安全到達指定目的地。

醉心於無人駕駛載人飛行器的創業家胡華智，和著眼於建立高科技未來城市的杜拜結合在一起，又是一個高科技領域「招商引資」的故事。

台灣是否也該加速「招商引資」？

最近優步正式宣布退出台灣，網路上有各種評論和看法。我無意探討這件事情的對或錯，但是相較於其他國際大城市的積極爭取，台灣政府是不是錯失了一個引進高科技研發和投資的機會？台灣政府是否應該深入了解最領先的科技，然後思考如何引進台灣，為企業轉型和經濟脫困助力？是否應該學習以上幾個城市，建立自己在高科技產業新型的「招商引資」模式？

24 掌握科技趨勢，從系統化分析中發掘明日之星（上）

過去一個星期，接連聽到我兩個朋友的成功投資故事，他們的成功都和對科技產業趨勢的洞察力有很大關係。兩個故事也正好代表兩個不同的投資模型：一個是投資早期未上市公司的創投，另外一個則是在公開市場購買有潛力股票的個人。我自己從這兩個故事當中得到很大的啟發，因此徵得兩位朋友的同意，和大家分享。

故事一：瑞聲科技

首先要介紹故事主角：我認識了十幾年的康霈。他跟我同一個年代，也是同樣在早期加入外商。康霈一九八二到二〇〇〇年之間在ＩＢＭ服務，歷經台灣、新加坡、香港的不同工作崗位，並於一九九四年派駐ＩＢＭ中國，一開始先負責上海分公司，最後三年擔任金融事業部的總經理，負責ＩＢＭ在全中國大陸銀行、保險和證券市場的業務。

在去中國大陸之前的十二年，他在ＩＢＭ擔任技術工程師和技術管理職位；二〇〇〇年初，因為不願轉調去日本的ＩＢＭ亞太總部，選擇留在中國大陸，所以離開了ＩＢＭ。

▼從ＩＢＭ到「成為資本」

離開ＩＢＭ之後，康霈加入了台灣的普訊創投，派駐上海負責中國大陸的投資。二〇〇三年由於ＳＡＲＳ的影響，普訊決定減緩中國大陸的投資，因此康霈離開普訊，加入了上海的「成為資本」擔任合夥人。成為資本是中國大陸唯一的常青型基金，也就是投資沒有收回期限的基金。由於是常青型基金，有限合夥人（Limited Partner, LP）的範圍很有限，所以成為資本比較低調，對外也沒有太多公關活動，知道的人比較少。最大的前六個投資人是：耶魯（Yale）、普林斯頓（Princeton）、史丹佛、西北（Northwestern）、杜克（Duke）和密西根等大學。其後陸續有阿布達比投資局（Abu Dhabi Investment Authority）和歐洲的家族加入，這些投資人都非常看重長期投資。目前，成為資本管理的資產大約在二十五億美元左右。

二〇〇四年，康霈加入成為資本的第一個投資是瑞聲科技（AAC）。有很長一段時間，成為資本一直是瑞聲除了創始家族以外的最大機構投資人，因此他也擔任過瑞聲科技的董事。在瑞聲之後，他還成功投過舜宇光學、陽光電源、安東石油、亞美大陸、口袋購物、極飛無人機等企業。

在成為資本介入投資之前，瑞聲科技二〇〇三年的營業額大約三千萬美元，主要產品是應用於手機的聲學元件，包括揚聲器（Speaker）、麥克風（Microphone）、受話器（Receiver）等，當時最大的客戶是摩托羅拉手機部門。

瑞聲科技在二〇〇五年八月於香港交易所（HKEx）上市，二〇一六年獲選成為香港恒生指數的藍籌股。集團整體在二〇一六年前三季銷售額達到人民幣九七・七億元，純利人民幣二四．五億元，平均毛利率四一．四％，純利率二五．一％，市值已達一千三百多億港幣。

無可置疑地，康霈對瑞聲科技的投資非常成功，但我好奇的是，二〇〇三年康霈是怎麼找到當時沒沒無聞的瑞聲科技，而且成為瑞聲科技第一個機構投資人？以下就是康霈的故事。

▼找到被忽視的良好投資標的

二〇〇〇年康霈離開ＩＢＭ之後，普訊創投的柯文昌董事長找到他，雖然康霈一直待在ＩＴ行業，沒有投資經驗，但柯文昌看上的是他在中國大陸六年的經歷。因此在加入普訊創投之後，他放下身段、努力學習這個新的領域。

成立於一九八九年的普訊創投，抓住ＩＴ時代騰飛的產品趨勢，迅速成為台灣早期成功的創投公司，創始人柯文昌也因此贏得「台灣創投教父」的稱號。當時最主要的產品就是桌上型電腦和筆記型電腦。

康霈很感恩地說，他在普訊三年，主要是學到必須掌握未來高速成長的產品，例如筆記型電腦，然後再將它拆解成零組件爆炸圖（Exploded Drawing），列出其中關鍵元件，再避開已經是投資熱點的部分，找到比較冷門、還沒有得到很多投資機構重視的元件供應鏈和供應商。在經過審慎評估之後，這些供應商就成了普訊的投資標的。

在加入成為資本之後，康霈用同樣的思路和方法，挑選了數位電視和智慧手機作為未來高速成長的終端產品。在仔細分析和評估主要手機品牌的供應鏈和供應商之後，康霈發現聲學元件是個值得投資的領域，而且也發現瑞聲科技已經打入了主要手機品牌的供應商行列。

▼被趕出辦公室

於是他主動打電話聯繫瑞聲科技的潘總經理，並要求見面洽談。潘總於一九六八年出生於江蘇常州，是一位有強烈企圖心但行事極為低調的創業家。他們第一次見面非常不愉快，以康霈被潘總趕出辦公室收場。康霈說，他當天直言不諱地跟潘總說，以瑞聲科技目前的組織架構和策略，做到五千萬美元的營收就算到頂了。當時年輕氣盛而且事業已經非常成功的潘總，哪裡聽得下這種論調？因此就把康霈趕出辦公室，雙方不歡而散。

當時康霈很懊惱地回到上海，認為這個投資大概就完蛋了，沒想到過了兩天，潘總主動打電話給他，約他再次見面。潘總問他：「瑞聲**要怎麼做才能做到聲學領域世界第一**？」於是康霈將他在ＩＢＭ跨國企業的經驗和潘總分享，並且明確指出了未來瑞聲科技應該發展的方向。這次見面談得非常愉快，跟第一次見面完全不同。潘總更進一步主動邀請成為資本投資瑞聲科技，並且要康霈不僅當瑞聲股東，而且要當瑞聲的合作夥伴。於是康霈為瑞聲科技大肆招募人才，找到了有跨國企業工作經驗的營運長（ＣＯＯ）和財務長（ＣＦＯ）。

康霈告訴潘總，不僅要重組經營層，董事會也一樣要從海外聘請具有跨國企業高層經歷的人才加入。潘總對於康霈的建議完全採納，並且主動提出在七席董事會之中，家族只占兩席，其他五席由康霈幫忙尋找最佳人選。而康霈也不辜負期望，找到新加坡的部長級人選來擔任董事會的主席，也就是董事長。

氣度與決心

瑞聲科技的故事，是一個創業家和專業經理人團隊完美結合，成為產業領域世界第一的極佳案例。在這個故事裡面，我學到了以下幾點：

一、不僅政府、企業的領導者要具有看穿水晶球的能力，投資者一樣要具備看到未來產業趨勢的能力，這才是投資成功的關鍵。

二、光掌握未來高科技產品的趨勢還不夠，還要用科學的方法解構產品的生態系統、分析產品生態中的關鍵技術和元件，繼而找到明日之星成為投資標的。

三、方向已定，就要以堅強的信念和執行力去突破困難、打開大門。否則空有想法沒有行動，一切都是枉然。

四、企業家的氣度決定了企業版圖的大小。瑞聲科技潘總的企圖心和氣度令人敬佩。雖然第一次見面不歡而散，他仍會冷靜反思、放下身段，反而主動打電話約再次見面。特別是在接受康霈的建議後，調整經營團隊和董事會的架構，讓出五席董事給專業人士擔任，甚至把董事長的位子也讓出來，非常不簡單。

五、康霈聰明能幹，仍然虛心感恩且不斷學習，才能持續成功。當提到普訊創投時，他強調從柯文昌身上學到了很多。他雖然具有將近二十年跨國企業的經驗，但是進入一個新的領域，依然虛心地從頭學起。

這是從投資公司的角度來挑選明日之星做早期投資，獲得成功的一個案例。

25 掌握科技趨勢，從系統化分析中發掘明日之星（下）

上一篇介紹了瑞聲科技的成功故事，接下來要跟大家分享的則是另外兩家公司的歷程。

故事二：輝達和汽車之眼

在本篇中，我要介紹另外一位好朋友：來自大陸東北的張達永。一九七七年出生的他，二〇〇一年任職於來自台灣的深圳聯能科技有限公司（UNIMICRON），二〇〇五年自行創業，成立了一家PCB銷售代理公司，二〇一〇年再創立了一家外貿電商公司。

前幾天，幾位朋友晚餐聊天時，提到了一則併購新聞：英特爾擬以每股六三．五四美元現金、溢價三四％，收購以色列的駕駛輔助系統開發公司「汽車之眼」（Mobileye），對應股權價值高達一百五十三億美元，交易預期在未來九個月內完成。達永提到，他在併購案宣布前，已經在美國公開市場買進了一些汽車之眼的股票。這令我十分好奇，他如何知道這家公司？又如何這麼精準地買了這家公司的股票？於是達永和我們分享了他對於投資公開市場股票的方法論。

▼「撿菸蒂」買美股

達永從二〇一四年開始，陸續在公開市場購買美股，他用的一直是巴菲特（Warren Buffett）所說的「撿菸蒂」做法，也就是只看公司的現有價格是否被低估，而忽略這家公司的競爭力和長期成長性。雖然賺了點小錢，但是覺得這種方式究竟無法長久。他閱讀了巴菲特致股東的信，也非常有所體會，覺得應該透過投資分析，找到下一個時代的偉大公司，然後以合適的價格購買，並且長期持有這些公司的股票。

二〇一〇年，達永透過亞馬遜（Amazon）成立跨境電商，所以很早就有了臉書帳號，但當時並沒有特別注意到這些偉大公司給世界帶來的變化，以及投資它們所獲得的龐大價值。於是達永從二〇一六年初開始思考，如何把現有的資本更好地加速擴大、如何把手上的資金轉換成資本，為自己規劃更好的道路？

▼人工智慧和萬物互聯的時代

他堅信下一個時代肯定是人工智慧和萬物互聯（物聯網）的時代，而下一代的偉大公司應該就是走在這個浪潮前沿的公司。

人工智慧時代應該還是沿襲之前ＩＴ革命的道路，也就是更多的接入互聯網設備、更大量的數據傳輸，因此需要運算能力更快、更強大的處理器。

▼數據運算、數據傳輸、傳感技術

幾經研究後，他總結了下一個未來的人工智慧時代，應該從三個方面入手：數據運算（包括大型互聯網公司提供的雲端和智慧設備的本地運算能力）、數據傳輸（無論是車聯網、攝影鏡頭、無人機、或是虛擬實境（Virtual Reality，下稱VR）設備，需要傳回雲端的資料量都將以幾何倍數成長），還有傳感技術（人工智慧設備的運作需要圖像傳感輸入、語音識別輸入、依附在人身上的其它監控領域的傳感器）。

達永基本上確定了在未來人工智慧時代，這三個產業方向處於節點位置的前沿公司，就是他所要投資的上市公司標的。

▼壟斷性的閥門公司

如果把一個時代浪潮的機會比作洪流（也可以說是訊息流，或者行業的利潤流），當這個行業的機會洪水湧進來的時候，上萬家企業會接受到產業浪潮的利益分配，但是由於這些企業在這個產業鏈上處於不同的位置，成長的比率相差巨大，所以只有能找到產業鏈上下游節點中「閥門」的公司，才能獲得最大的投資收益。

打個比方，二〇〇〇年以前的惠普、IBM、聯想、鴻海等企業，都獲得了資訊時代的巨大利益，但如果要說「閥門」，只有微軟和英特爾才是那個時代的閥門公司。而高通、安謀控股（ARM Holdings）、Google等，則是行動網路時代的閥門公司。

這些閥門公司受到高速成長的浪潮推動，而使得收益達到最大化。成為閥門公司的關鍵，在於他們在各自的領域中具有壟斷性。在行業洪流到來之際，閥門必須足夠少，才能使得流過這個行業閥門公司的水流和壓力足夠大，進而釋放力量高速成長。

達永也發現，安謀能夠把行動網路時代的優勢延續到人工智慧時代，是因為「低功耗運算能力」在萬物互聯的人工智慧時代是個基本要求，這也正是安謀在行動網路時代的底層優勢。即使進入人工智慧時代，這個低功耗運算的閥門仍然只有安謀一家，能以最上游智慧財產權（Intellectual Property，簡稱ＩＰ，也譯為知識產權）授權公司的地位來壟斷市場。

可惜孫正義把安謀收購下市了，所以達永沒有辦法在公開市場買到股票。但是除了安謀，應該有一家公司類似「手機時代的高通」，也就是運用進階精簡指令集機器（Advanced RISC Machine，下稱ＡＲＭ）的框架做出了大量萬物互聯的處理器，從而成為這個節點的閥門公司來壟斷利益。

▼大歷史觀：由資訊時代的歷史預期人工智慧時代的發展

在重新研讀吳軍博士《浪潮之巔》這本書的時候，達永更加清晰梳理了幾十年資訊產業的變化。其中一個章節特別引起他的注意：大意是說，早期微軟的Xbox和索尼（Sony）的PS系列遊戲機在與輝達（NVIDIA，中國大陸譯為英偉達）產生糾紛後，都改用了IBM設計的通用晶片，而隨著人們對遊戲畫面升級的要求，後續的遊戲主機晶片進步非常快速。後來兩大遊戲廠商還是放棄了與IBM合作，而投入了超微（Advanced Micro Devices，簡稱AMD，收購了亞鼎（ATI）的顯示卡業務）的繪圖處理器（Graphics Processing Unit, GPU）陣營。

吳軍在當時已經預見，為了滿足用戶對於高清晰遊戲畫質的需求，需要超強處理運算能力，這樣的需求加速了後續晶片產品的迭代週期，也給了超微繪圖處理器崛起的機會。

達永在查找繪圖處理器的資料時，發現百度首席科學家吳恩達在二〇一二年寫了篇論文，強調繪圖處理器運算處理數據的速度要遠遠大於中央處理器（Central Processing

Unit, CPU），雖然單一成本比較貴，但是整體解決方案的成本和時間都大大優於傳統的中央處理器解決方案。

▼輝達崛起

而此時正是輝達發布二〇一六年第二季季報的時候，他看到了輝達由於遊戲顯卡的爆發性增長，股價成長了三〇％，一下躍升到了每股八十美元，達永毫不猶豫地陸續從九十美元開始買入輝達股票。期間輝達股票由於美國香櫞（Citron）公司做空，大跌了幾次，但他還是繼續買進輝達的股票。

從輝達的網站可以發現，該公司從數據運算中心（藉由繪圖處理器優勢作為大型公司雲端運算的解決方案）、家庭遊戲中心，以及萬物互聯網的物聯網晶片作為切入點布局，而這些都非常符合達永尋找的人工智慧產業的運算、傳感、數據傳輸的方向。而且輝達是在這個領域的閥門公司，就有點像是巴菲特所說的「具有企業護城河的特許經營權」類型的公司。

輝達現有的繪圖處理器解決方案，正好迎上人工智慧時代的數據量爆發，成就了這個公司接下來浪潮中的重要地位，而這個地位是由於之前在遊戲機時代繪圖處理器產業積累獲得的，而非一蹴而及的。

人工智慧的三個應用領域

在閱讀輝達網站的時候，達永同時整理了人工智慧應用產業規模的優先次序。最後確定了「無人駕駛」、「機器人」、「醫藥醫療與基因工程」是未來人工智慧應用最大的三個領域，並且有可能在未來十年內得到突破進展。

由於醫療領域封閉性太強，所以爆發的時間點並非是市場自有競爭能加速的。而自動駕駛已經處於白熱化的研發競爭狀態，因此達永預判這個領域的競爭會加速發展，他解釋原因如下：

- 共享單車出現以後，他認為很多傳統單車企業將會消失，因為終端品牌面對消費者會出現失靈狀態，也就是用車成本非常低的情況下，人們會漸漸淡忘像是「捷安特」這種自行車品牌，而從擁有車輛變成租借車輛出門。

- 如果自動駕駛出現，使得現有的用車成本下降一半或者更低，那麼大部分需要代步車輛的人群就會選擇第三方服務公司提供的汽車，那麼有部分的傳統汽車品牌就會在這個過程中與終端消費者割裂，最後甚至消失。

自動駕駛和無人駕駛

達永在這個研究過程中，去了幾次特斯拉在深圳的銷售體驗店。他發現，今天的汽車就像當年的iPhone和諾基亞一樣，兩家手機公司在同一時間生產不同時代的產品，卻因為產品競爭方向和策略思考高度的差異，導致了諾基亞滅亡的宿命。

雖然特斯拉汽車仍有很多小問題，但它正在生產的是下一個時代的智慧型終端設備，而不僅是簡單的傳統汽車。基於這個思路，歸納出了幾點結論：

- 在自動駕駛領域，傳統汽車巨頭仍然擁有資金優勢和技術累積，他們會加快研發的速度，避免被特斯拉和優步這樣的公司顛覆。

- 優步和Lyft成為叫車服務競爭對手的同時，已經在自動駕駛的研發和測試方面布局，不可避免地，將會成為傳統汽車產業的競爭對手。
- 傳統汽車廠商會尋求與優步或中國「滴滴」之類的服務商結盟，避免後續無人駕駛汽車出現後的產業變革造成對自己的顛覆。
- 規格統一、至少符合最低用車需求的自動駕駛汽車將會出現。因為配置低、統一化，因此出貨量極大，必定會改變現有量產汽車品牌和型號的格局，這也越來越像網路追求流量的模式。
- 進一步透過汽車硬體成本，拉低人們的用車成本，而且大量的單一型號採購將帶來對上游供應鏈的議價能力，進一步拉高這個自動駕駛壟斷公司的產業地位，造成贏者通吃的局面。
- 中間類似飛機租賃的金融業可能會出現，因為短期需要的資金成本太高。
- 在產業形成壟斷後，這些壟斷公司背後的供應鏈廠商有極大的投資價值。
- 在半導體產業中，會有如同手機時代聯發科地位的上游晶片廠出現，提供通用的主板解決方案。

● 自動駕駛應該是人工智慧應用領域中，市場規模最大的行業。

▼用戶對供應鏈產品的感知度

在討論的過程當中，達永提出了一個新觀念，讓我有很大的啟發：達永把硬體設備的供應鏈產品，分成了終端用戶「高感知度」和「低感知度」兩個層面。

以手機作例子：仔細觀察手機品牌的廣告，可以發現手機的處理器、攝影鏡頭模組、螢幕等幾個元件，會出現在幾乎所有相關產品發表會的宣傳資料裡，這說明終端用戶對這幾個元件有敏感的認知能力，也影響了他們的購買行為。所以，**高感知度元件容易由於用戶的投票，而在市場中形成品牌和壟斷地位**，就像是在個人電腦時代，每個電腦廠家都必須在廣告上標明採用了英特爾的哪款處理器一樣。

而手機背後的PCB線路板、手機殼、連接器等，對用戶來說則屬於低感知度產品，雖然這些供應鏈廠商都能生存，但是難以形成品牌和壟斷，對於手機品牌商也沒有話語權，隨時會因為品質、交期、價格的競爭劣勢而處於被替換的風險之中。

在討論用戶對供應鏈感知度的同時，也不免提到了前篇介紹的瑞聲科技聲學元件產品。瑞聲科技提供的聲學元件產品處於用戶感知度比較高的位置，所以具有對手機品牌商一定的話語權。如果手機品牌商將它替換成成本較低、品質較差的元件，終端用戶就有相當大的感知度，容易將手機通話的瑕疵歸咎於聲學零件的品質不好。所以，一流手機廠商通常不願冒這個風險替換掉瑞聲，只能採取殺價策略，或者以扶植競爭對手廠家來威脅。而這也是瑞聲科技能夠長期享受高毛利、高純利的原因之一。

▼自動駕駛傳感技術的閥門公司：汽車之眼

基於這些分析，達永確定自動駕駛的視覺與距離傳感器都屬於該領域的高感知度元件，容易形成壟斷，因此開始在自動駕駛產業的供應鏈中尋找擁有閥門等級傳感器產品和人工智慧演算法的公司。幾經交叉比對，找到了在美國上市的以色列公司汽車之眼。

汽車之眼現在所提供的，是以廉價攝影鏡頭為基礎的「先進駕駛輔助系統」（Advanced Driver Assistance Systems，下稱ＡＤＡＳ）解決方案，是通往未來自動駕駛技術的一個過渡解決方案。但是由於ＡＤＡＳ的市占率極低（只有三％，還處於非常早期的階段），另外汽車產業相關技術的認證週期極長，達到高自動等級（L4）自動駕駛*的時間還需要至少四到五年。

但在更高等級技術的自動駕駛時代到來之前，汽車之眼還是能享受在這個領域的先發優勢，在被英特爾收購的消息傳出之前，就已經宣布和英特爾、BMW等公司合作開發未來無人駕駛的解決方案。

未來自動駕駛的傳感方案還是有很大的變數，但五年內汽車之眼的技術還是比較可行和實用。由於這些長期不確定性，達永並沒有大量購買它的股票，只在市價四十美元左右時買進了少許。

▼數據傳輸的閥門：高通

在確認傳感技術和數據運算的投資對象後，他也思考了「誰在下一代數據傳輸上有先發優勢」，但看來看去仍只有英特爾和高通具備這個優勢。而從企業的核心競爭力以及對未來5G的布局上來看，高通的優勢可能還是比較明顯一些。

但由於高通的壟斷性因素，導致蘋果提起訴訟而股價大跌，於是達永以撿便宜的心態也陸續買入了一些高通的股票，原因如下：

一、設備與雲端的數據傳輸，還是產業爆發的瓶頸。

二、高通由於壟斷原因造成了極度市場恐慌，導致了一個還不錯的市場價格出現。也因為市場對高通壟斷性罰款的不確定因素，給了高通一個極其低的市場價格。

三、未來的高通晶片由於架構在ARM上，所以很可能成為手機之外行動設備的晶片提供商，比如高通就把驍龍（Snapdragon）835訂製成「VR一體機」的方案上市。或許未來無人機之類的設備也會用類似高通的垂直整合方案。

四、手機在裝上簡單的圖片識別人工智慧軟體之後，可能會需要更高性能的用戶端硬體來運作，例如美國就出現了用手機應用程式圖像識別皮膚癌的應用。

＊編注：國際自動機工程學會（SAE）與美國國家道路交通安全管理局（NHTSA）都將自動駕駛分為六個等級，從零自動（L0）至全自動（L5），兩套標準的差異在於對L4與L5的定義。

這些圖像識別工作不需要返回雲端處理，只要在終端用戶手中就可以完成，而這種運算需求將會加快晶片升級的速度。就如同重度遊戲玩家對畫面解析度和處理速度的需求，導致了二〇一六年顯卡的爆發成長一樣。所以基於這個分析，他大量買入了輝達（七至八成）、少量購買了高通（兩成左右）的股票。

「以上我所說的都是錯的。」達永在分享了他的個人股票投資方法之後，俏皮地說了這句話。但他再次強調，他分享的是投資分析模式和方法，希望對大家有用，而不是跟大家推薦輝達、高通或汽車之眼的股票。如果因為這篇文章而去買這些股票，賠了錢不要找他算帳。

▼我的收穫

我不熱衷於個人投資，更不會到公開市場去買股票，因此達永的投資分析和方法，可以提供給有興趣的朋友們參考。在這次的分享之中，我最大的收穫是，達永修正了我過去對於硬體和互聯網產品差異的一些看法。

我認為互聯網產品從本質上來講，比較像是基礎設施（Utilities），如水、電、瓦斯等。基礎設施產品是不區分客戶的，所有用戶使用的基礎設施產品，基本上都完全相同。至於硬體產品，我一直認為必須高度區分用戶群的需求，以便滿足不同小眾市場的特殊需求，就像運動鞋一樣：登山、攀岩、溯溪、足球、籃球、排球、高爾夫球等小眾市場所需要的運動鞋都是不一樣的。

透過今天的分享討論，我發現人類的基本需求，例如食衣住行育樂等，如果基本需求的成本降到非常低，就會如同基礎設施產品一樣，開始不區分客戶。當這種情況發生的時候，這一類的硬體就比較像互聯網產品了：追求流量、規模、壟斷，為了成為「閥門」，透過標準化、統一、最低配備、大量、用戶無差異對待、用戶感知度低等方法，成本可以低到接近免費。共享經濟下的優步、Airbnb、燒錢的中國「滴滴」和「快的」、高速成長的共享單車，都發生在今天；未來的無人駕駛汽車、載人飛行器，當運用成本非常低的時候，這些硬體產品都會變成服務，不會再有人想花錢去擁有。

我年輕的時候，市場專家教我們的是：「消費產品買回家後，需要用到三根螺絲釘來安裝的，就會賣不好。」但宜家（IKEA）的DIY家具卻獲得了空前成功，當時市場專家教我們的另外一個道理是：「消費者的行為是非常難以改變的，任何新產品的使用，如果需要改變消費者的行為，就必定會失敗。」但是，今天高科技卻大幅度改變了消費者的行為，例如沒有導航就不會開車、沒有卡拉OK就不會唱歌、沒有簡報工具就不會演講了。

在高科技的浪潮下，世界改變的速度超過我們的想像，不是嗎？

26

跨界才能創新

——談談製造業和服務業的生產方式

由於我過去四十年的職業生涯都是在高科技電子硬體產品和製造業工作，因此有許多朋友認為我對服務業不是很了解。在我發表〈亞洲製造移回歐美真的好嗎？〉這篇文章之後，有幾位朋友跟我聊起，這些製造方法似乎都只適合硬體製造業，那麼服務業應該怎麼辦呢？

我認為從做生意的本質上來看，製造業和服務業的差異不是很大。因為，產品如果能夠為目標客戶創造價值，客戶就願意花錢來購買，所以產品可以是硬體，也可以是服務。

同樣地，不管是硬體還是服務，生產產品的方法還是跟數量有關係，可以用同樣的概念來思考。該文提到的四種生產方式不僅適用於硬體製造業和服務業，對於產品的定位也很有幫助。

一、客戶訂做：作坊生產（Job Shop Making）；
二、少量多樣：批量生產（Batch Process）；
三、多量少樣：裝配線生產（Assembly Line）；
四、單一大量：流水線生產（Continuous Flow）。

從成本和效率上來講：作坊生產是最適合客戶訂做少量產品的生產方法；批量生產最適合生產少量多樣的產品；裝配線最適合生產多量少樣的產品；流水線則是生產單一大量產品的最佳選擇。

從產品的價格來看，數量越少的產品，價格肯定越高，大量生產的產品，價格當然要低。這個也符合經濟學上價格和數量的ＰＱ線圖。如下頁圖所示，把製程放在縱軸，產量放在橫軸，那麼最適合的生產方式一定是從左上到右下的對角斜線位置。

案例一：餐飲業

首先我們用餐飲作例子。如果你想要在餐飲業創業的話，那麼你根據不同的製程可以選擇不同的產品定位。你可以開一家提供滿漢全席的餐廳，滿漢全席分大滿漢、小滿漢：大滿漢一般為一百零八碟，小滿漢為六十四碟。

一九七七年十一月二、三日，香港國賓酒樓（今聯邦酒樓）受日本TBS電視台委託，以十萬港元的價錢製作一套一百零八道菜的滿漢全席，酒樓動用了一百六十多人，花了三個月才籌備完成。可以想像，這種餐廳的菜單肯定非常厚，庫存

製程＼產量	客戶訂做	少量多樣	多量少樣	大量生產
作坊生產	滿漢全席			
批量生產		五星級餐廳		
裝配線生產			自助餐	
流水線生產				麥當勞

的成本一定非常高。因為你要準備所有的材料，但每道菜被點的頻率一定很低，所以價格一定不菲。

滿漢全席是個極端的例子，五星級酒店的餐廳或高級酒樓，就屬於少量多樣的批量生產方式。批量生產方式是以工作站的形式來呈現，因此這種餐廳的後台廚房裡，就有大廚、二廚、洗菜切菜備料的分工方式。有些分工更細的還有專門炒飯的、炒菜的、燉湯的人。

接下來就是裝配線了，這是一個很有意思的餐飲業生意模式，也就是所謂的自助餐、吃到飽的餐廳。多量指的是每道菜不斷地填補、數量非常大，少樣指的是客人能夠食用的種類其實不多。由客戶自己來裝配自己要使用的產品，但是給客戶一種少量多樣的感覺，因而提升了客戶的滿意度，而願意付出較高的價格。

最後一種，是單一大量的流水線餐廳，就是坊間所說的連鎖快餐店或速食店。這種餐廳的特色就是菜單的種類很少、選擇有限。有的菜單看起來洋洋灑灑一大堆，其實只是幾種食品的不同組合而已。如果到後台廚房去看的話，其實都是由中央廚房提供基本的原材料或半成品，然後在廚房裡經過簡單的流水線作業生產出相同的產品。

餐飲業是一個極有創意的行業，除了在菜色上面可以有研發和創意以外，在生產方式和生意模式上也可以有創意。以鐵板燒作為例子，坊間的鐵板燒都算是高檔餐廳，菜單都是以套餐為主，選擇不多，所以在數量上來講應該是屬於多量少樣。但鐵板燒餐廳並不是以裝配線的形式來生產，反而是要以作坊生產的方式呈現給客戶，因此有專門的廚師站在你面前為你服務，偶爾還會耍耍刀技來娛樂客戶。鐵板燒這種本質上是多量少樣菜單的餐廳，卻用作坊式的生產讓客戶願意以更高的價格來購買，確實是一種很好的創意。

案例二：印刷業

接下來，我們用印刷業作例子。

客戶訂做的、用作坊生產模式的，就是真跡名人書法或是畫作，因為只能由書法家或畫家本人來生產，假手不了他人，所以價格肯定不菲。少量多樣的就是印名片，大多是批量生產。由於工作和職務的變動非常頻繁，每次印名片頂多也就是一、兩盒。

多量少樣的就是印雜誌或是印書，通常都是印在全開的紙上，然後裁切、裝訂，這個就是類似裝配線的生產。我小時候家裡比較窮困，經常在家裡接一些手工活來貼補家用。我做過的工作之一就是摺紙，把全開印好的書紙，依照一定的方式對摺，然後用尺一刷，反覆摺成八開的書本大小，再送回印刷廠去裁切。大量生產則必須使用流水線的印刷設備，最好的例子就是印報紙了。

產量／製程	客戶訂做	少量多樣	多量少樣	大量生產
作坊生產	真跡 名人書法			
批量生產		印名片		
裝配線生產			印雜誌	
流水線生產				印報紙

案例三：諮詢服務業

最後再舉一個例子：諮詢服務業。

作坊生產的肯定就是專家顧問，所以顧問行業很難做，就是因為專家顧問是不可複製的，必須本人親自服務。將不同領域的專家顧問集合起來，把客戶委託的項目由不同的專家顧問來聯合服務，最好的例子就是律師事務所或是會計事務所，這種分工合作的模式就有點像批量生產了。

如果諮詢服務企業再發展壯大的話，就必須要以裝配線的方式來服務客戶，關鍵在於以模組化的方式提供產業資訊和情報給他們的客戶。這種模組可以重複裝配

製程＼產量	客戶訂做	少量多樣	多量少樣	大量生產
作坊生產	專家顧問			
批量生產		律師事務所		
裝配線生產			產業資訊諮詢公司	
流水線生產				查號台或股市行情

組合，來提供給有不同需求的客戶，才能達到高效率、低成本的目標。

如果市場持續擴大，企業也不斷發展壯大，那麼就必須靠高科技來提供流水線的生產方式，以滿足大數量的客戶需求。通常都是以語音資料庫的方式回答客戶的詢問，例如查號台、股市行情、航班資訊等。

結語

在高科技快速發展的今天，各行各業都可以使用高科技的手段來轉型或升級。因此製造業和服務業之間的定義和分界也慢慢模糊起來了。跨界才能夠創新，而高科技就是這個跨界的橋梁。

27 創業進階課程

──了解產品生命週期與製程的關係

接續上一篇，再接著談新創業者如何規劃產能及製程，以便擴大產品的市占率。前文提到的四種生產模式，簡單地說就叫做「製程」。大家都熟悉產品的生命週期，從誕生期、成長期、成熟期到衰退期，形成一個產品的完整生命週期。如果一個新創企業能夠創造出一個新的產品品類（Category）的話，就會從誕生期就開始經營這個產品的生命週期。

不同的生命週期階段，適用不同製程

產品在不同的生命週期階段需要搭配不同的製程，以便快速增加產品的數量，應付

市場上快速增加的需求。

誕生期的樣機和少數樣品通常都是使用作坊生產的製程；進入成長期時，通常都使用批量生產的製程；等到成熟期的時候，視產品的種類、數量、生命週期的長短，來決定採用裝配線或流水線的製程來生產。

產品種類和數量是有密切關係的。通常工業產品是B2B的生意模式，數量也比較有限；消費產品則是B2C的生意模式，可以達到非常大的數量。以「產量及製程生命週期圖」（下頁圖）來看，工業產品通常是用作坊或批量生產，消費產品則是用裝配線或流水線生產。但由於全球化的影響，有一些工業產品的市場非常大，當然也有可能用裝配線來生產。例如：飛機、輪船、火車等，由於體積龐大、數量較少，從開始生產到結束都會在同一個地點，因此用作坊生產是最經濟合理的。至於生產設備、重工業設備、機具等產品，體積比較小、數量比較大，因此用大量生產是最合適的製程選擇。

決定消費類產品採用裝配線或流水線的因素有很多，但是最近影響越來越大的是產品生命週期的長短。由於高科技發展的迅速，高科技電子消費產品的生命週期越來越短，所以適合採用裝配線，比較能夠靈活快速地變換產品和生產線。

三品類（食品、藥品、化妝品）消費產品由於配方的改變比較困難，通常只是外包裝做設計改變。這一類的消費產品可以有很長的生命週期，例如：可口可樂（Coca-Cola）、斯斯感冒膠囊、SK-II等，歷經數十年還在賣，這一類的產品就適合用流水線生產。

不同的產品種類、數量、生命週期階段、生命週期長短等，都是決定採用何種製程的關鍵因素，因為合適的製程會帶來最有效率的生產週期、品質和成本，因而增加產品的競爭力。

產量及製程生命週期圖

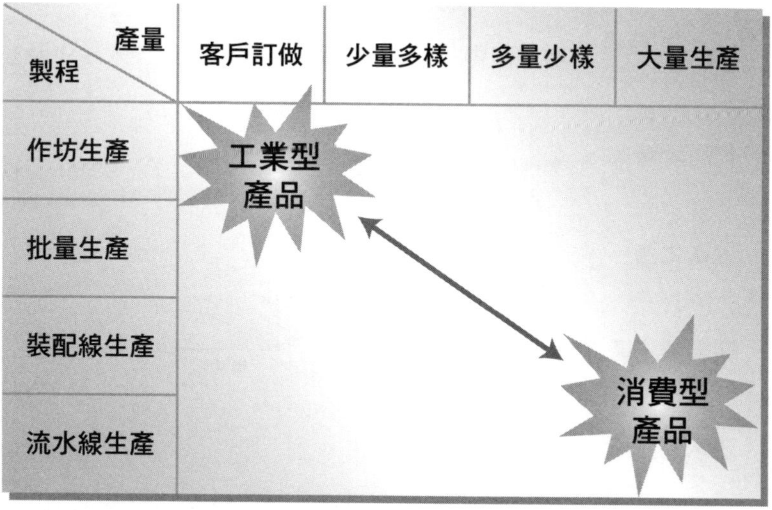

這四種製程都需要，而且也都可以自動化。我在前文提到過，自動化事實上類似一個向量，包含了電腦化和機械化兩個軸（請見〈亞洲製造移回歐美真的好嗎？〉），不同的製程就需要不同比例的電腦化和機械化來搭配。如下圖所示，作坊生產所需要機械化生產的比例非常低，但是電腦化的比例非常高。

例如：飛機和輪船的系統設計需要高度的電腦模擬設計，光靠人力是做不到的，而且使用的原材料和零組件更需要建檔，並且保持數十年。例如：是哪個供應商供應的？哪個批

產量及製程生命週期圖

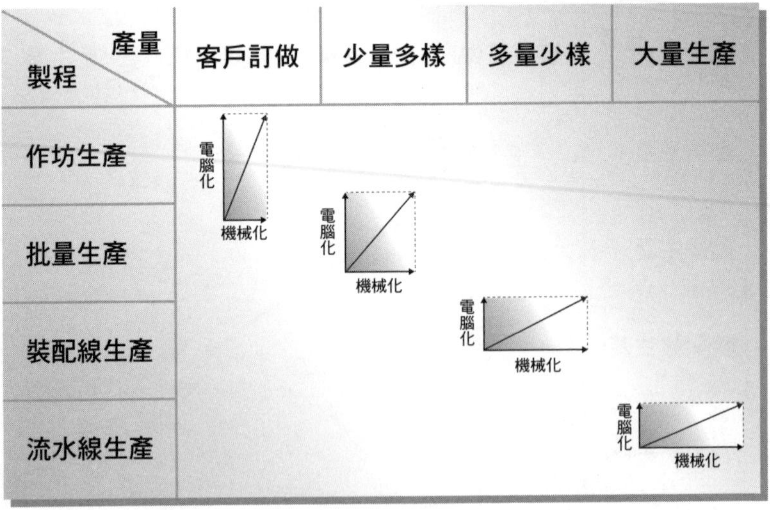

號？什麼樣的品質檢驗？這些資料都需要建檔存在電腦裡面，萬一有事故發生的話，就可以追本溯源、找出原因。

至於單一大量、產品生命週期非常長的產品，就可以盡量使用固定不變的機械化流水線生產，電腦化的比例就相對比較少。機械化不僅可以降低成本、增加效率，而且可以提高產品的品質和可靠性。

最具挑戰性的裝配線製程

這四種製程裡面，最困難、挑

生產自動化的兩個因素

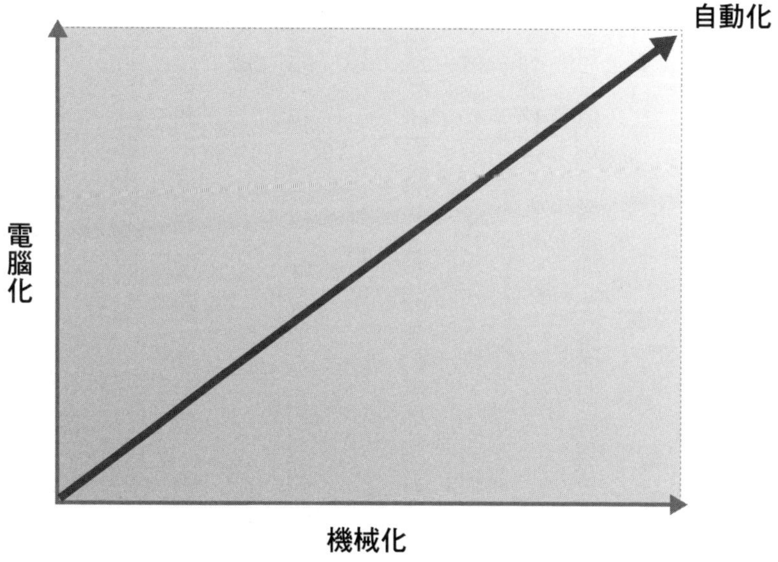

戰最大的，就是台灣引以為傲的高科技電子產品代工製造業所採用的裝配線。因為：

一、高科技電子產品市場面向全球，單一產品的數量非常龐大；

二、產品越來越輕薄短小，技術非常先進，設計非常複雜。例如一隻手機，牽涉到的電子材料和零件就可能超過一千五百種；

三、生命週期越來越短，一隻手機的壽命可能只有六個月，就會被下一個型號所取代；

四、由於國際分工，通常品牌廠商會自己做產品研發設計，有的型號用外部方案廠商所提供的設計方案，這使得製造代工廠商必須克服時空的困難，快速和原廠研發部門接軌，保證從研發到製造的順利轉移；

五、產品發布和量產的時間是不可變更的，可是原廠研發部門不斷做設計變更，壓縮到製造代工廠商的量產準備時間。

在過去，許多產品從誕生期、成長期到成熟期都需要一年甚至數年的時間，因此有足夠的時間從作坊到批量到裝配線，完成整個製程的演化。但是，今天的高科技電子消費產品的製造代工廠商就必須在原廠研發設計團隊的協同合作之下，在不到一個月之內完成從樣機開始，到少量樣品、小批量試產，最後到量產的整個製程演化。其中的挑戰包括：

- 第一：必須建立新產品引入部門（New Product Introduction, NPI），將原廠研發團隊的產品接軌到生產製造部門，以保證從研發設計到生產製造的順利轉移；
- 第二：如何透過供應鏈管理，保證超過一千五百個以上的零組件供應商能以相同的時間、相同的數量、相同的品質、運送到相同的地點，保證生產製造部門有足夠的原材料，能順利生產；
- 第三：製造部門的製程和自動化設計、安裝、測試和調整，都必須在一、兩個月之內完成。
- 第四：品管部門必須在一個月之內將不良原因找出來，並提出解決辦法，透過實驗設計（Design of Experiments, DOE）做實驗驗證，並配合供應鏈和製造部門做修改，以便達到目標良率。

還有其他許多的挑戰就不多說了，以上的四個挑戰看似沒什麼了不起，要從事製造代工業就必須懂得做這些事，但最困難的是這些事情都要在一個月之內完成。

為製造代工業辯疑

網路上有許多朋友認為製造代工業沒有什麼技術，因此只能做低毛利的苦工。我相信大部分持這種看法的朋友都沒有在大量生產的製造現場工作過，因此也不了解其中的工藝和技術，更加不了解現代高科技電子消費產品的生產製造其實是一個非常龐大的系統工程，絕對不是什麼人都可以很輕易地跨過門檻進入競爭。

至於低毛利之說，我在這裡必須澄清一下：基於國際分工的原則，如果製造代工廠只是「代工不帶料」，那麼它的毛利事實上是非常高的。但是由於許多電子製造代工廠都是代工帶料，而帶料的部分就是「代為採購原材料」，沒有什麼附加價值，因此毛利就顯得比較低。

另外，這些電子製造代工廠也都從事模具開發，生產機構件和外觀件，更有廠商自己生產部份零組件，藉著整機代工建立的生意關係，也順帶銷售給客戶。如果沒有整機代工的機會，銷售這些零組件就會面臨更大、更困難的競爭。

結語

在整個高科技電子消費產品的生態系統裡面，製造代工廠商不僅肩負著很重要的責任，扮演不可或缺的角色，賺取合理的利潤，同時透過他們的貢獻，也讓產品全球市場的大餅做得更大。如果沒有專業製造代工廠，產品的成本和價格不可能平民化，全球大部分的消費者也就不可能享受到這些高科技消費電子產品所帶來的精緻生活和體驗。

28 以「產量及製程生命週期圖」看工業與消費產品的策略差異

延續前兩篇文章，在本文中，我想利用「產量及製程生命週期圖」此一工具，來闡述「工業型產品」和「消費型產品」在制訂各種策略時的差異。之後，再以一個真實的案例來說明如何運用不同的競爭策略，以及導致的結果。透過這個案例，將可以回答有許多朋友都在討論「如何做到『赤字接單，黑字出貨』，並且取得最後勝利」的問題。

工業型與消費型產品的製程週期

不同的產量需要選擇不同的製程，以達到最經濟、最有效率的結果，所以最合理的匹配位置就是從左上到右下的一條對角線。通常工業型產品數量比較少，因此會選擇位於偏左上角的戰略位置；消費型產品因為數量龐大，通常會選擇偏向右下角的戰略位置。

市場銷售策略

▼工業型產品

大部分的工業型產品都是B2B的商業模式。每個企業客戶為了建立差異化和自己的競爭優勢，通常都不願意買標準型的產品，多多少少都有自己的設計和要求。所以工業型產品客製化的程度比較高，產品的使用也

產量及製程生命週期圖

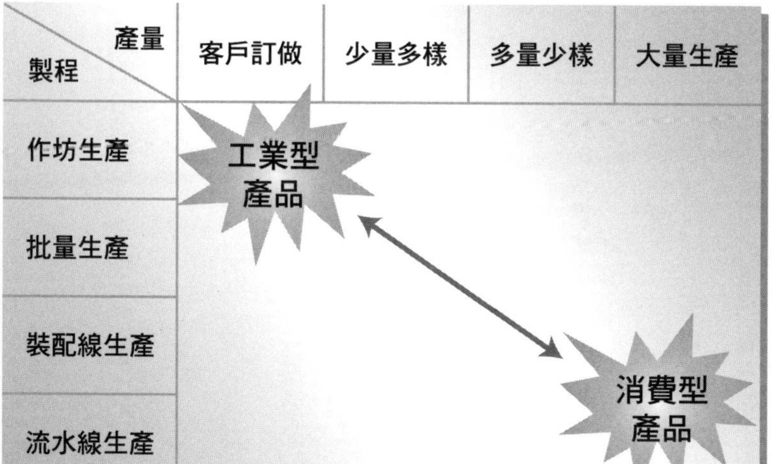

比較複雜，客戶也比較重視產品的性能及品質。再加上客製化的關係，通常對產品的價格並不是非常敏感。

在訂價方面，工業型產品通常都是採取價值導向的訂價模式（Value-based Pricing）。因此通常是高單價、高毛利、高利潤。

在銷售方面，目標客戶都很清楚，甚至是屈指可數，因此很少採取各種以廣告為主的市場行銷模式，反而是重用龐大的銷售隊伍，採取面對面的銷售型態。依據產品的複雜程度，銷售團隊可能會包括業務人員、銷售人員、應用工程師、品質工程師、維修工程師、軟硬體工程師，甚至還包括研發團隊。

▼消費型產品

消費型產品通常是B2C的商業模式。面對各式各樣的消費者，必須是標準化的產品、使用簡單，而且不需要複雜的解釋和說明。

既然是標準化的產品，就沒什麼差異性，競爭對手產品的替代性也非常高，因此價格競爭非常重要。如果加上品牌效應，或許還可以創造一點溢價，但是差異不能太大。

消費性產品必須要達到基本的品質和功能。品牌、包裝、價格等，對於採購決定有很大的影響力。但是消費者決定採購的時候，必須要有現貨，因此通路越多、銷售點鋪得越廣，庫存就越龐大，形成了很大的成本壓力和風險。

銷售團隊的成本非常高，這種面對廣大消費市場的產品不能夠採取面對面的銷售，必須要利用線上線下的廣告、通路和經銷商。

這種低單價、低利潤率的產品通常都是採取成本訂價的模式（Cost-based Pricing）。雖然是低單

產量及製程生命週期圖
（產品定位及市場銷售策略）

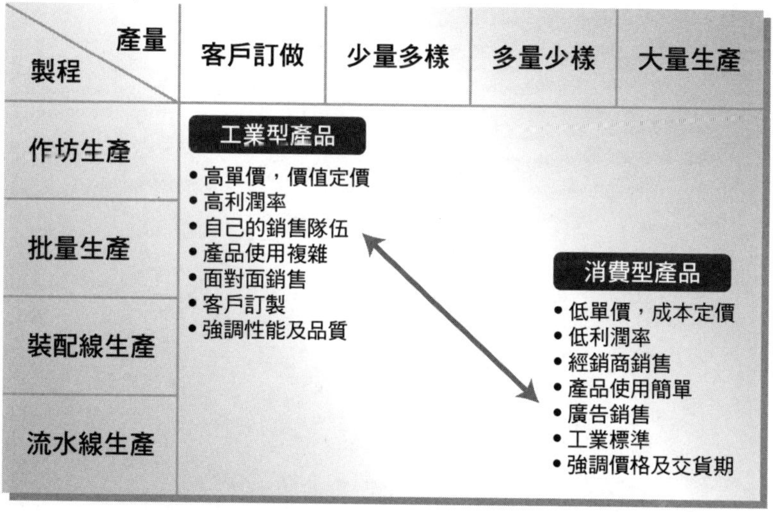

價，但是毛利率卻必須非常高，而大部分毛利則會花在廣告行銷、線上線下通路以及經銷商讓利等費用上。

一個多月前，我從台北飛深圳，在大陸南方航空的飛機上看到座椅椅背上的廣告。這是一家成立三十週年、製造工業型產品的上市公司，主要生產電動汽車相關材料、智慧工廠設備，以及智慧電網設備。不禁讓我感嘆，大陸的上市公司就是狂：生產的是工業型產品，卻採取高成本的消費型產品廣告模式。我懷疑搭這班飛機的旅客，在看到這個廣告之後，有多少人會去買這些產品？

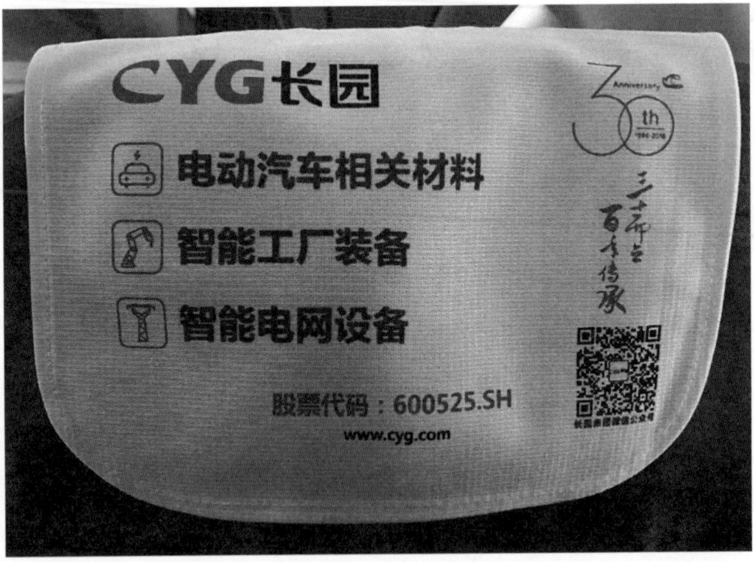

幾種不同的策略

由於篇幅的關係，這裡就用三個圖表把重點標示出來，做個簡單的比較，請各位讀者參考。

對於一家新創公司或一個新類型的產品而言，通常都是從左上角開始，隨著市場的接受度增加、需求擴大，訂單數量也不斷地增加，這時候再沿著左上角往右下角的斜線成長。

雖然在實務上很難做到，但沿著左上到右下的斜角線一路發展下來，根據資金的多少和經營者的膽

產量及製程生命週期圖
（產品定位及生產製造策略）

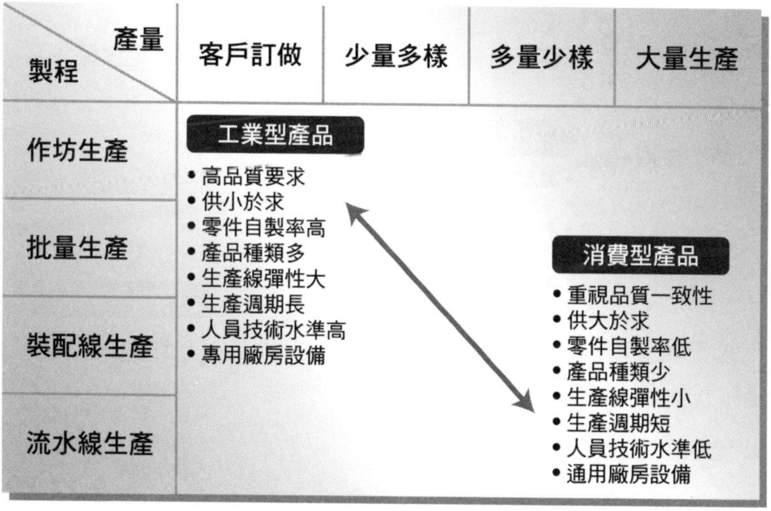

識，有兩條路線可以選擇：

▼一、市場銷售主導

如果資金不是很充裕，暫時無法大幅投資在生產線自動化上，或是為了避免市場的不確定性，因而需要降低風險，此時可以採取先衝訂單的方式，再逐步把產線自動化，以擴大產能、跟上訂單。這種策略的缺點就是供給跟不上需求。在差異化低的情況下，產品替換很容易，因此客戶可能沒有耐心等待漫長的交期，導致訂單流失到競爭對手那邊去。

產量及製程生命週期圖
（產品定位及設備採購策略）

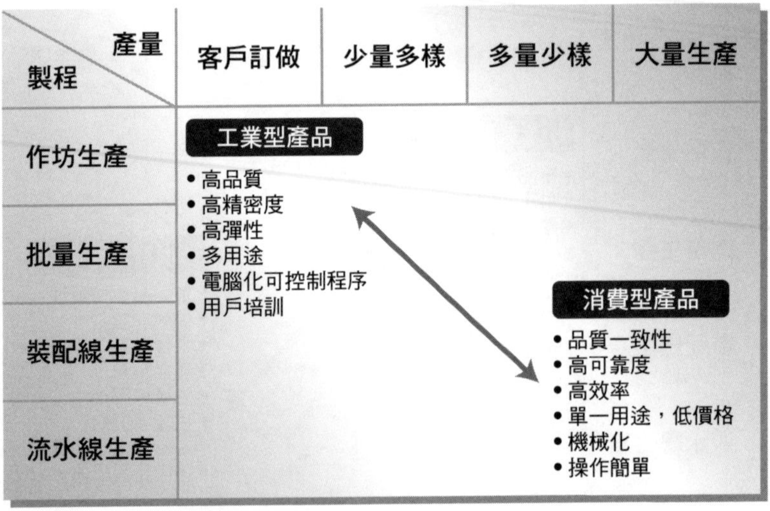

從損益表來分析，採取市場銷售主導策略的公司，會面臨高變動成本的壓力和挑戰。變動成本包含人工、材料、在線庫存、製造費等，這些都需要依靠很強大的管理系統來克服，否則在訂單交期的壓力下，一定會變成一場災難。

▼二、生產製造主導

如果資金充裕，經營者對市場的前景非常看好，就可以採取主動積極的攻擊市場策略。

在訂單或是需求還沒有大幅增加的情況下，預先將產線自動化、

產量及製程生命週期圖
（業務成長及產能擴充策略）

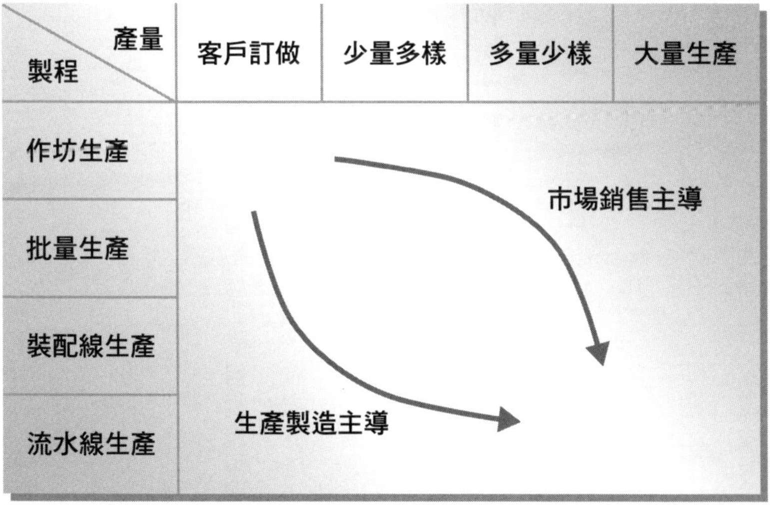

把產能提高，並且主動降價、擴大市場的占有率。這種策略的另外一個好處就是將競爭者的資金門檻拉高、價格降低、毛利降低，使得競爭對手不敢貿然跟進。更進一步的是，讓想加入這個產業的新競爭對手不敢進來。鴻海在二〇一二年七月先併購了夏普（Sharp）位於堺市的十代線面板廠，在短短一年內扭虧為盈，用的就是這個策略。

從損益表來分析，採取生產製造主導策略的公司，必定會面對廠房設備自動化等固定成本被拉高的挑戰。如果訂單沒有預期的好，導致缺乏銷售數量來分攤，龐大的固定成本就會讓企業失去價格競爭力。

以電視機產業為例：二十世紀的電視機大戰

彩色電視是改良自黑白電視的新產品。一九五〇年代，美國電視機產業是全球最先進的，當時重要的黑白與彩色電視機的技術可以說都來自於美國。一九六〇年代以後，美國逐步退出電視機生產，使得日本成為生產電視機最發達的國家，在這個時期之中，電視機的技術研發基本上都來自日本。一九九〇年代以後，日本也逐漸退出家電產業，韓國成為生產彩色電視機最發達的國家，彩色電視機的新技術也有更多來自韓國。

二〇一六年全球電視十大品牌的排名依次如下表。在這些品牌之中，來自中國大陸的已經占了一半。

讓我用「產量及製程生命週期圖」帶各位回顧一九七〇至一九八〇年代精彩的美、日彩色電視機大戰。首先介紹四個主角：

▼美國無線電公司

一九一九年美國海軍為了防止單一公司壟斷無線電技術市場，慫

排名	品牌	國家
1	三星	韓國
2	LG	韓國
3	海信	中國
4	TCL	中國
5	創維	中國
6	索尼	日本
7	AOC	美國*
8	Vizio	美國
9	海爾	中國
10	長虹	中國

* 編注：AOC起源於美國艾德蒙（Admiral）品牌，1967年在台灣成立艾德蒙海外公司（Admiral Overseas Corporation）。

惠ＡＴ＆Ｔ與通用電器聯合成立美國無線電公司（Radio Corporation of America，下稱ＲＣＡ）。但在合併了對手西屋公司（Westinghouse Electric）之後，ＲＣＡ卻壟斷了美國的無線電工業與廣播電視設備製造。

一九五三年，彩色電視機正式在美國面世。一九五四年，ＲＣＡ推出該品牌的彩色電視機，同年一月二十三日，美國國家廣播公司（ＮＢＣ）位於紐約市的分台ＷＮＢＣ成為全球第一家開播彩色電視節目的電視台。一九七〇年，ＲＣＡ實驗室發明第一台液晶顯示器。

▼增你智

增你智電子（Zenith Electronics）是一家老牌的美國電子公司，一九一八年在芝加哥創立，以生產無線電和收音機為主。一九二四年，增你智推出第一台手提收音機，在當年可謂一大創新；一九三九年推出黑白電視，之後再結合無線電和電視技術研發出來的電視遙控器，成為風靡一時的熱銷產物，並且領導了整個市場。一九四〇年代，增你智更推出了結合音響、收音機、電視的三合一創新產品。

▼索尼

索尼的前身「東京通信工業株式會社」由井深大和盛田昭夫於一九四六年正式成立。創立初期經營無法穩定成長，直到十年後的一九五六年，因為發展當時不被看好的電晶體技術，開發出日本第一部電晶體收音機TR-55一舉成功，公司營運終於漸入佳境。

一九五〇年代，索尼的黑白電視雖然大賣，但是卻一直沒有積極設法進入彩色電視市場。一九六四年，井深大堅持以良率極低的Chromatron架構製造彩色電視，導致一部的開發成本高達四十萬日圓，使得市場的推廣極為不順，僅賣出一萬三千部左右，讓公司幾乎倒閉。一九六六年秋天，井深大終於改弦易轍，親自領導一個開發小組，希望創造出索尼專屬的彩色映像管，終於在一九六八年四月成功開發出稱為Trinitron的彩色映像管，並且達成半年內實用化和量產的艱鉅任務，最後在一九六八年十月上市，引爆全球搶購熱潮。

▼夏普

夏普公司的起源，可以追溯至創辦人早川德次於一九一二年在東京都設立、連正式名稱都沒有的金屬加工廠，最初生產銷售的是早川德次所發明、不需要在皮帶上打孔的男用皮帶扣「德尾錠」。

一九一五年，早川德次接到自動鉛筆金屬零件的訂單，並在改良原始設計之後，成為新專利的「早川式自動鉛筆」，甚至大量銷售到歐洲。一九一六年，早川決定以「Ever-Ready Sharp Pencil」（「可永保筆芯尖銳」之意）作為新款自動鉛筆的品牌，「Sharp Pencil」後來在日本也成為自動鉛筆的代名詞，而後夏普公司使用的「SHARP」商標就是源自於此。

夏普先後在一九五一年開發出電視機、一九六二年發表微波爐、一九六四年開發電子計算機、一九八七年開發了第一台具有漢字顯示功能的電子辭典（或稱「電子記事簿」）、一九九二年發布ViewCam家用攝影機、二〇〇四年推出第一部水波爐（Healsio）。此外，夏普也發明可抵抗H5N1病毒的PCI離子機能，用於空氣清淨機、空調等家電產品。蘋果公司為人津津樂道的牛頓（Newton）系列個人數位助理（Personal Digital Assistant, PDA）產品，也是和夏普合作開發製造的。

不同的定位與策略，及其結果

在一九五〇年代，美國毫無疑問是彩色電視機技術的領先者，其中又以RCA在技術和市場都是領頭羊，增你智緊跟在後；而日本的索尼和夏普都剛剛起步，還在摸索著開發彩色電視機產品。

就如同摩托羅拉在手機產業犯的錯誤，當摩托羅拉獨占第一代AMPS類比手機市場的時候，他們並不急著推出第二代TDMA數位化手機。因此給了在歐洲的諾基亞和愛立信崛起的機會，不但後發先至，而且還建立了歐洲標準的GSM數位化手機。

RCA和增你智在當時認為彩色電視機的價格高昂、市場有限，主流產品仍然是黑白電視機。因此給了日本競爭者研發技術的時間，於六〇年代開發出獨特的單槍彩色映像管技術。此外，日本廠商還採用美國戴明博士（William Edwards Deming）的「全面品質管理」（Total Quality Management, TQM）和統計學模式，在製造技術和管理方面遠遠領先歐美的企業，尤其在多量少樣的裝配線和大量的流水線生產模式方面，不但成本更低，而且品質、效率也都遠遠超過歐美。

由於RCA在技術產品和市場方面的領先，讓他們更有信心地採取了生產製造主導的產能策略，也就是預先投資在產能擴充上，然後以較低的成本搶占市場；而增你智則繼續做高端產品的市場策略，先爭取更多訂單，然後才投資在產能的擴充上，以便保持較高的毛利和減少資本投資的風險，於是他們才轉換到市場銷售主導的產能擴充策略。

日本索尼和夏普主要的競爭優勢在於生產製造技術和管理方法，而這些都必須要有規模化、大量的生產，才能夠顯現出來。在技術差距不大的情況下，日本的兩家公司就直接採取了裝配線和流水線的製程作為產能擴充的策略。

這個產量及製程生命週期圖就像一場戰爭的軍事地圖：日本公司在右下角囤積重兵、以逸待勞，等著兩家美國對手慢慢採取左右迂迴的戰術，進入日本企業堅強固守的中原戰場。

產量及製程生命週期圖
（產品定位及競爭策略）

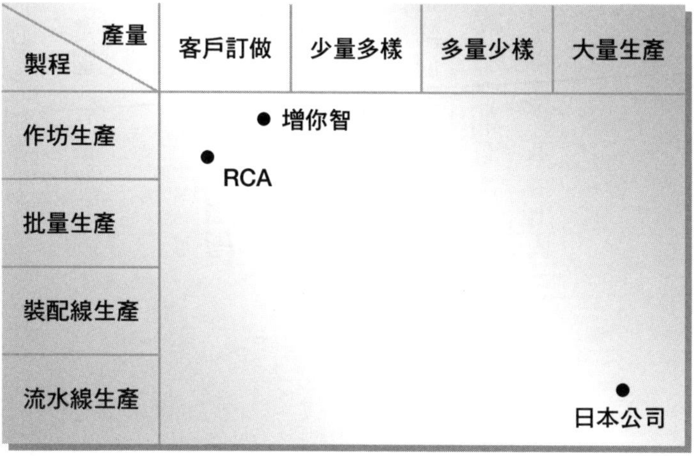

產量及製程生命週期圖
（市場競爭與產能擴充策略）

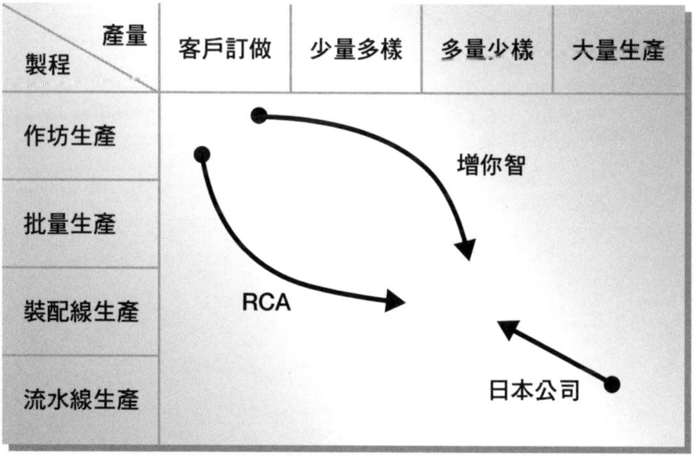

這場戰爭的結果就可想而知了：日本企業不論在技術、成本、量產、管理、效率各方面，都比美國的競爭對手來得強。一九七〇年代末期，天下大勢底定，日本的彩色電視取代了美國成為全球的霸主。

赤字接單、黑字出貨

以這個彩色電視機大戰的例子來說明，就很清楚了。從RCA和增你智的角度來看——也就是產量及製程生命週期圖左上角位置——成本和定價必定比較高，當他們看到右下角索尼或夏普的定價時，就會認為是「赤字接單」；而索尼或夏普位於右下角的戰略位置，他們的量產成本原本就遠低於左上角的競爭對手，因此出貨的時候必定是賺錢的，因此說是「黑字出貨」。

戰敗者的下場

RCA公司在輸掉這場彩色電視機世紀大戰之後，於一九八六年被通用電氣併購，RCA商標由索尼音樂娛樂（Sony Music Entertainment）及Technicolor公司使用，並且授權TCL集團及歐迪福斯公司（Audiovox）在源自RCA公司的產品上使用RCA的名稱。

至於增你智在輸了彩色電視機大戰之後，於一九九〇年代經營陷入困境，後來由韓國LG逐步收購股份，成為LG旗下的子公司之一，現在以銷售液晶電視和機上盒為主要業務。

歷史永遠在重複

美國企業在家電時代的慘敗，讓他們棄守戰場，轉戰新一波的IT高科技浪潮，而且取得了全球領先的龍頭地位。

日本的家電五哥則緊抱著電視機一路走到今天，不但錯過了ＩＴ時代的班車，由於軟體產業的不振，也失去了互聯網和移動互聯網的市場機會。更糟糕的是，當年的美、日彩色電視機大戰，戰爭仍然持續著，只不過主角換成了日、韓的電視機大戰，在這場戰爭中，輪到日本成了戰敗的一方。夏普被鴻海併購了，其他幾家日本電視品牌還能支撐多久呢？

韓國三星和ＬＧ也不要得意，中國大陸的品牌已經悄悄占據了大片山頭。美、日的殷鑒不遠，再加上政商勾結的醜聞、薩德（THAAD）飛彈的風波、中國市場的限韓令，這個電視機的山頭還值得苦守嗎？中國大陸的電視機品牌勢必崛起，取代韓國指日可待。只是台灣能在其中得到什麼好處嗎？我們是不是準備好了？我們的策略在哪裡？

後記　成就自我，就是最大的報酬

一九八〇年代中期，由惠普公司引進技術轉移給台塑關係企業旗下南亞公司的PCB廠已經在桃園南崁竣工完成，工廠開工以後，原來由三十位工程師組成的建廠團隊就要解散，分配到各營運部門。由於這個團隊在整個技術轉移及建廠過程中，擔當了非常重要的技術引進責任，具有豐富的建廠和自動化經驗，如果解散分發到個別部門，這些經驗就沒辦法傳承、分享給台灣的電子產業，非常可惜。

因此，我大膽地提出了一份建議書給惠普總部以及台塑關係企業的王永慶董事長，內容大意是：挑選有豐富經驗的建廠團隊成員作為核心，成立一個由惠普和台塑合資的顧問公司，提供「企業策略規畫」和「工廠自動化」的管理顧問服務給台灣的中大型企業，公司名字就叫做「惠台」。

惠台公司的誕生

這個建議得到了惠普和台塑雙方高層的支持，於是惠台公司順利成立。除了台灣惠普公司的業務工作之外，我還兼任這家公司的第一任總經理。

從惠普公司技術轉移PCB自動化工廠的想法，是來自當時工研院電子所的胡定華所長。在整個項目的進行期間，胡先生也給了我們許多協助和建議，因此我登門請教胡先生，請他在惠台的生意模式和組織架構方面給我一些指點。

胡定華從交大教職轉赴工研院電子所，於一九八八年離開工研院副院長的職位，後來參與聯電、台積電、華邦以及旺宏等公司的成立，見證了台灣半導體產業發展最輝煌的三十年。

所以，對於胡定華先生來說，這個PCB技轉項目只是小菜一碟。

胡先生一如既往地聽取了我對構建惠台構想的報告，除了讚賞和支持之外，他還與我討論，並給了許多很好的建議。在我們的會議結束之前，胡先生突然問了我：

整個ＰＣＢ技術轉移項目取得圓滿成功，惠台公司的成立也將對台灣電子產業做出很大的貢獻，在這兩個項目裡，你都是以惠普員工的身分參與，那麼這對你個人有什麼好處？

「對我有什麼好處？」

一九八六年我才三十四歲，能夠加入國際知名的惠普公司已經是萬幸了，我只想努力做好我的工作，為惠普公司、台灣產業的發展做出一些貢獻。

除了這個技術移轉項目之外，我還從惠普總部爭取到在台北成立國際採購處（ＩＰＯ），在成立之初，還得到時任ＩＢＭ國際採購處總經理的熊宇飛先生大力指導。後來，惠普台灣國際採購處每年在台灣的採購金額高達百億美元。

胡定華先生認為，對於台灣電子產業的發展，這些項目都將是很大的推動力量，而我雖然是參與這些項目的主要發起人，卻仍然服務於惠普公司，每個月就領幾萬塊台幣的薪水。所以，我是否應該想想自己未來的發展，從中獲得自己的好處？

當年創投的想法在台灣還沒有萌芽，現在回想起來，胡先生的意思應該是說，我是否應該一輩子當專業經理人？我是否應該自己跳下來創業？或者是說，我作為創始人，是否應該得到一些股份？

當年還是個年輕窮小子的我，懵懵懂懂的，哪裡想得到那麼多？當年我只是直覺地認為「成為一個成功的專業經理人」就是我人生最大的願望。於是我反問胡先生：

從公司組織架構設計的角度來看，我們經常說「人事」，其實「人」和「事」必須是分開的，先把適合的組織架構（事）設計好，再來找適合的「人」擔任這個職務。否則不就成了「因人設事」嗎？所以客觀地來說，惠台的總經理也未必是我，更何況要談到對我的好處，豈不是不夠客觀了？

胡先生則回答我：

企業經營管理不能只談理論，從理論上來設計組織架構是對的，但是每個職位放的都是人，只要是人就會考慮到自己的利益。俗話說：「人不為己，天誅地滅」，如果能夠結合理論和個人利益，使得企業和個人有共同追尋的目標，那麼結果不是對企業和個人都更好嗎？

胡先生的這番話對我影響非常大。回顧我過去四十年的職業生涯，我還是沒有能夠成功跳脫專業經理人的角色，從而轉變為創業家或投資人，從這一點來講，我可能辜負了胡先生對我的期望。但是，他的話對我最大的啟發，在於**企業經營管理的領域裡，不能只看理論，要兼顧實務**。

更重要的是，企業就是由「人」構成的，一定要把「人性」考慮在內，不能像是當年我的錯誤想法：「『人』和『事』一定要分離，而且『事』要擺在『人』的前面。」企業經營管理不能只看理論，冷冰冰地對待組織架構和每個員工。每個員工都是一個獨立的人，擁有獨立的人格、人性，以及價值觀。每個員工的優點和缺點都不太一樣，他們對於人生的看法與追求的目標也都不盡相同。

在對員工的領導上，我是「情境式領導」（Situational Leadership）的信徒，簡單地說就是「因材施教」；在做各種規畫和計畫上，我喜歡採用「情境規劃」（Scenario

Planning），計畫要跟上變化，永遠要有幾個備案。

在對於部門和組織的管理上，請參考我的前作中〈從「大歷史觀」看企業管理的思維與藥方〉一文。我在這篇文章中提到，一個好的主管就好像一個優秀的老師，必須因材施教；一個優秀的企業經營者，也應該依照每個事業單位、每個部門的情況，施予不同的管理模式。不應該一窩蜂追隨潮流，追求最新的管理模式，導致不管是有病沒病，不管是什麼病，所有的部門都用同一種藥方。

我整個職業生涯的管理思維都圍繞著「人」和「人性」發展，我也是理論和實務結合的奉行者。而我的這一切想法和做法，都源自於三十一年前與胡定華先生的這一席談話。

最後，再回過來想想怎麼回答胡定華當時的問題：「對你個人有什麼好處？」

成就自我，就是最大的報酬

確實，我在PCB技術轉移、惠普國際採購處，以及惠台管理顧問公司這三個項目裡，除了領惠普的薪資以外，並沒有任何其他實質利益，或是金錢上的好處。但是，這些經歷加上些許運氣，使我登上了一個跨國企業專業經理人能夠達到的最高峰，並且在六十歲那一年順利退休，留下了一個優雅的下台身影，開啟了我退休後的第二人生。

就如同我在二〇一六年八月十五日發表的臉書文章〈人生的輸贏，在於自我的價值與實現〉*中提到的一段話：

人生真正的贏家是搞清楚自己的價值觀，並且懂得取捨的人；在自己珍視的必須要贏（得到），在該放開的地方要主動去輸（失去）。

如果今天要回答胡定華的問題，這就是我的答案：

在這之後三十多年，我得到了遠超過金錢價值能夠衡量的好處：我成就了今天的我。

＊編注：文章請見https://tuna.to/人生的輸贏-在於自我的價值與實現-3ef0a76ce89f，或掃描下列條碼：

國家圖書館出版品預行編目（CIP）資料

創客創業導師程天縱的管理力：企業經營、新創發展、掌握趨勢不可或缺的28個觀念與工具／程天縱著. -- 初版. -- 臺北市：商周出版：家庭傳媒城邦分公司發行, 2018.01
面；　公分
ISBN 978-986-477-373-2（平裝）
1. 企業領導　2. 企業管理
494.2　　106022237

BW0655

創客創業導師程天縱的管理力

企業經營、新創發展、掌握趨勢不可或缺的28個觀念與工具

作　　　者／程天縱
編 輯 協 力／傅瑞德
責 任 編 輯／鄭凱達
版　　　權／黃淑敏、翁靜如
行 銷 業 務／莊英傑、周佑潔、石一志

總　編　輯／陳美靜
總　經　理／彭之琬
事業群總經理／黃淑貞
發　行　人／何飛鵬
法 律 顧 問／台英國際商務法律事務所　羅明通律師
出　　　版／商周出版
臺北市104民生東路二段141號9樓
電話：(02) 2500-7008　傳真：(02) 2500-7759
E-mail: bwp.service @ cite.com.tw
發　　　行／英屬蓋曼群島商家庭傳媒股份有限公司　城邦分公司
臺北市104民生東路二段141號2樓
讀者服務專線：0800-020-299　24小時傳真服務：(02) 2517-0999
讀者服務信箱E-mail: cs@cite.com.tw
劃撥帳號：19833503　戶名：英屬蓋曼群島商家庭傳媒股份有限公司城邦分公司
訂 購 服 務／書虫股份有限公司客服專線：(02) 2500-7718；2500-7719
服務時間：週一至週五上午09:30-12:00；下午13:30-17:00
24小時傳真專線：(02) 2500-1990；2500-1991
劃撥帳號：19863813　戶名：書虫股份有限公司
E-mail: service@readingclub.com.tw
香港發行所／城邦（香港）出版集團有限公司
香港灣仔駱克道193號東超商業中心1樓
E-mail: hkcite@biznetvigator.com
電話：(852) 25086231　傳真：(852) 25789337
馬新發行所／城邦（馬新）出版集團
Cite (M) Sdn. Bhd.
41, Jalan Radin Anum, Bandar Baru Sri Petaling, 57000 Kuala Lumpur, Malaysia.
電話：(603) 9057-8822　傳真：(603) 9057-6622　E-mail: cite@cite.com.my

封 面 設 計／黃聖文　內頁設計／簡至成
印　　　刷／鴻霖印刷傳媒股份有限公司
經　銷　商／聯合發行股份有限公司 電話：(02) 2917-8022　傳真：(02) 2911-0053
地址：新北市新店區寶橋路235巷6弄6號2樓

■2018年1月4日初版1刷
■2022年1月6日初版11.6刷

定價360元
ISBN 978-986-477-373-2

城邦讀書花園
www.cite.com.tw

Smoking Tuna.
http://tuna.to